职业教育旅游类专业教材

U1017761

酒水知识与调酒技艺

陈木丰 陈雨民 ◎ 主编

JIUSHUI ZHISHI YU TIAOJIU JIYI

中国轻工业出版社

图书在版编目（CIP）数据

酒水知识与调酒技艺 / 陈木丰，陈雨民主编.
北京 ：中国轻工业出版社，2025. 9. -- ISBN 978-7
-5184-5609-3

Ⅰ. TS971；TS972.19

中国国家版本馆CIP数据核字第2025P2D509号

责任编辑：贺晓琴　秦宏宇　　责任终审：劳国强　　设计制作：锋尚设计
策划编辑：史祖福　贺晓琴　　责任校对：晋　洁　　责任监印：张　可

出版发行：中国轻工业出版社（北京鲁谷东街5号，邮编：100040）
印　　刷：艺堂印刷（天津）有限公司
经　　销：各地新华书店
版　　次：2025年9月第1版第1次印刷
开　　本：787×1092　1/16　印张：12.5
字　　数：288千字
书　　号：ISBN 978-7-5184-5609-3　定价：39.00元
邮购电话：010-85119873
发行电话：010-85119832　010-85119912
网　　址：http://www.chlip.com.cn
Email：club@chlip.com.cn
版权所有　侵权必究
如发现图书残缺请与我社邮购联系调换
241672J3X101ZBW

PREFACE | 前言

在当今多元化、快速发展的餐饮服务业中，酒水服务与调酒技艺已成为衡量餐饮服务质量与创新能力的重要指标之一。随着消费者对餐饮体验要求的日益提升，具备专业酒水知识与精湛调酒技艺的人才越发受到市场的青睐。鉴于此，我们精心编写了这本面向职业教育旅游类专业学生的《酒水知识与调酒技艺》教材，旨在为学生们提供一个系统、实用、前瞻性的学习框架，助力他们在未来的职业生涯中脱颖而出。

本教材紧密结合职业教育的特点与行业需求，注重理论与实践的深度融合。本教材的内容既覆盖了酒水的基础知识，如各类酒水的起源、分类、生产工艺、品鉴技巧等，又深入探讨了调酒技艺的核心要素，包括调酒工具的使用、调酒基本原则、经典鸡尾酒配方解析、创新调酒思维培养等。通过丰富的案例分析、实操演练与互动讨论，力求使学生们在掌握理论知识的同时，也能具备解决实际问题的能力。

我们深知，职业教育强调的是技能型、应用型人才的培养。因此，在编写过程中，特别注重教材的实用性与可操作性。部分项目配备了详细的操作步骤、技巧提示与注意事项，旨在帮助学生们在模拟或真实的调酒环境中，能够迅速上手，独立完成调酒任务。同时，本教材也融入了最新的行业动态与调酒趋势，引导学生们关注行业前沿，培养创新思维与持续学习的能力。

此外，本教材还强调了酒水文化与职业素养的重要性，旨在培养学生们良好的职业态度与服务意识，为他们未来的职业生涯奠定坚实的基础。

本教材由广东职业技术学院陈木丰、佛山市高明区职业技术学校陈雨民担任主编；佛山市南海区信息技术学校朱凯怡、佛山市顺德区中等专业学校钟燕担任副主编；佛山市高明区职业技术学校招炜妍、曾俊，广东职业技术学院白敬如参与编写。其中，项目一和项目二由招炜妍、陈雨民编写；项目三由曾俊、陈雨民编写；项目四由钟燕、陈雨民编写；项目五、项目六由朱凯怡、陈木丰编写；附录由朱凯怡、白敬如编写。

我们期待，通过本教材的学习，学生们不仅能够掌握扎实的酒水知识与调酒技艺，更能在实践中不断积累经验，提升自我，最终成为具备专业素养、创新思维与良好职业素养的酒水服务与调酒人才。同时，我们也希望本教材能够为职业院校的酒水服务与调酒专业教学提供有益的参考与借鉴，共同推动酒水服务与调酒技艺教育的持续发展。

最后，我们要感谢所有为本教材的编写提供支持与帮助的专家、学者、行业人士以及我们的学生们，是你们的智慧与努力，让这本教材得以顺利完成。愿本教材能够成为学生们酒水知识与调酒技艺学习之旅的良师益友，陪伴他们走向更加辉煌的未来。

编　者
2025年5月

CONTENTS 目录

项目一

酒的概论

项目导读

翻开酒的篇章，映入眼帘的是一部人类文明的史诗。酒，自萌芽起便扎根于社会发展，远古祭祀时它是连通精神世界的媒介，承载先民敬畏；文人笔下，酒化作灵感，融入诗词抒发豪情。于西方，葡萄酒贯穿宗教仪式，滋养艺术信仰。通过学习酒水基础知识，我们将打开酒世界的大门，开启一场深度探寻酒文化之旅。本项目主要学习酒的基础知识，包括酒的起源、酒度、酒的生产工艺、酒的分类等。

学习目标

知识目标

1. 了解酒的起源、酒度的表示方式。
2. 理解酒的生产工艺。
3. 掌握酒的分类。

技能目标

1. 能区分不同类型的酒水。
2. 能说出常见酒水的酿造方法。

素质目标

1. 领略中国和西方的酒文化，感受文化差异。
2. 树立守正创新、精益求精的工匠精神。

任务1

酒的起源、酒与酒度

一、酒的定义

酒，是人们最重要的饮料之一，它以含有淀粉或糖质的谷物或水果为原料，通过发酵、蒸馏等工艺酿制而成。酒是一种复杂的化学混合物，主要成分是乙醇，它还含有水和多种其他化学物质，如酸类、酯类、醛类、醇类、糖分矿物质和微生物等，这些物质和乙醇一起对酒的质量以及色、香、味、体等有很大的影响，决定了酒与酒之间千差万别的口味。

甲骨文、钟鼎文中早就出现了与酒有关的文字，如：酉。“酉”为“酒”之本字，酿酒容器小口尖底瓮的象形。当“酉”的“酒坛”本义消失后，甲骨文“酉”再加“水形”，强调坛中饮料的液态性质，于是作为盛器的“酉”有液体的酒的含义。而钟鼎文像装酒的小坛子，坛身装饰花纹各有不同，后引申为表时辰的十二地支之一。

《辞海》（第七版）对酒是这样定义的：“酒，用高粱、大麦、米等粮食以及葡萄或其他水果发酵制成的饮料。如：白酒；黄酒；啤酒；葡萄酒。”而《现代汉语词典》（第7版）对酒作如下解释：“用粮食、水果等含淀粉或糖的物质经过发酵制成的含乙醇的饮料，如白酒、葡萄酒等。”以上对酒的定义和解释，都是在人们的常识之中。根据词典的解释，可将“什么是酒”归纳为三点：①酒是一种饮料；②酒含有酒精（乙醇）；③酒是经微生物发酵酿制而成的。

二、酒的起源

（一）中国酒的起源

在中国，关于酒的起源，比较有影响力的主要有以下三种说法。

1．古猿造酒说

此说认为，古猿猴以采集野果为生，且它们有善于藏果的特性。众所周知，在自然界中果实的生长有着严格的季节性，因此要有所储存以备淡季时享用。传说洪荒时代的古猿将一时吃不完的果实藏于岩洞、石洼中，慢慢地，果实腐烂。含有糖分的野果通过自然界中的野生酵母菌自然发酵而生成酒浆，于是酒就问世了。

2．仪狄造酒说

此说认为是夏禹时期的仪狄发明了酒。《吕氏春秋》中说：仪狄作酒。《战国策》也说：帝女令仪狄作酒而美。仪狄造酒说实载于《世本》。后来，在东汉许慎编写的《说文解字》中也有记载。传说是夏禹的女人命令仪狄去酿酒的。仪狄不敢懈怠，经过一番努力，终于酿造出了酒，且味道很好，于是就奉献给夏禹。夏禹一喝，也觉得酒的味道不错。然而，这位被后人奉为圣明之君的夏禹，不但没有奖励酿酒有功的仪狄，反而疏远了他。而且，夏禹自己也和美酒绝了缘，说如果有酒的话，后世一定会有因饮酒过度而误国的君王。

3．杜康造酒说

此说认为中国造酒的始祖是杜康。在我国历史上，确实有杜康这人，古籍中《世本》《吕氏春秋》《战国策》《说文解字》等都有记载。相传杜康是一个做事有条理的人。对于每餐吃剩的饭菜，他不像别人那样随便乱倒，而是倒入中心空的桑树洞中。残羹剩饭就在树洞里慢慢地发酵，不久就飘出了芳香的气味。杜康由此受到启发，酿造出了酒。还有一种传说，说杜康原本是位牧羊人，在放牧时不慎丢失了装有小米粥的竹筒。半个月后竹筒失而复得，他意外发现里面的小米粥已发酵成为醇香扑鼻的琼浆。于是他创酒坊、酿美酒、开酒肆、售佳酿，一举成为天下闻名的酒圣。杜康造酒的说法最早是从曹操的乐府诗《短歌行》开始流行，诗里提到“何以解忧？唯有杜康”。也是从这首诗开始，杜康成了酒的代名词。

（二）西方酒的起源

在西方关于酒的起源也有很多种说法，但出于对酒神的崇拜，西方人大都把酒解释为神造的产物，是属于人类的神赐的礼物，也是人们丰收的象征。因此在西方流传最为广泛的就是酒神造酒说。

古埃及人认为酒是由死者的庇护神奥西里斯发明的，而希腊人认为酒是由酒神狄奥尼索斯带到人间来的。相传酒神狄奥尼索斯是希腊神话中的神，是众神之父宙斯与底比斯公主塞密莉所生，然后由女神伊诺及山林众仙女们抚养长大。后来他流浪于小亚细亚色雷斯和希腊，所到之处便传授种植葡萄和酿酒的技术，于是酒便逐渐在欧洲大陆盛行起来。酒神带着他的随从四处流浪，所到之处便飘起了酒香。

三、酒度

酒精是酒液中的重要成分，酒度（即酒精度）表示酒中含酒精的体积百分比。乙醇含量的高低决定了酒的度数。目前，国际上有三种方式表示酒度：标准酒度、美制酒度、英制酒度。

（一）标准酒度（Alcohol% by Volume）

标准酒度是法国著名化学家盖·吕萨克提出的，又称为盖·吕萨克酒度，通常用百分比表示此法（%vol）、GL表示法、符号标记“°”表示法。它是指在温度20℃的条件下，每100毫升酒液中含有酒精的毫升数。例如，50%vol的酒表示在100毫升的酒中，有50毫升是乙醇。标准酒度是国际上最为常用的酒度表示方法。酒标的酒度标识如图1-1所示。

图1-1　酒标的酒度标识

中国酒的酒度表示方法基本采用标准酒度。规定在20℃时，每100毫升酒液中含纯酒精1毫升，为1°。例如西凤酒为65°，也就是每100毫升20℃的酒液中含65毫升纯酒精。按照国家标准，酱香型白酒的最低度数是32°，浓香、清香、米香、董香、特香型白酒的最低度数是25°，凤香、兼香、豉香、芝麻香、老白干香型白酒的最低度数是18°，而馥郁香型白酒没有最低度数的规定。相反，若酒度超过70°，就不再适合人们饮用。如果一味地追求高度数，极易对身体造成伤害。

啤酒是所有酒类中含酒精成分最低的一类酒。啤酒中的纯酒精含量是按重量百分率计算的，一般在2%~7.5%，即每升酒液中含纯酒精20~75克。啤酒酒标上，通常会有一个数字，如11°、10°、9°、8°。这个度数代表的是该款啤酒的原麦汁浓度，而不是纯酒精含量，国际通用表示单位为柏拉图度，符号为°P。这两者之间没有绝对的换算关系，一般而言，麦芽汁浓度与啤酒的酒精度数成正比。当麦芽汁浓度低于10°P时，酒精度数也不会高过5%vol。一般来说，麦芽汁浓度越高，营养价值就越好，同时泡沫细腻持久，酒味醇厚柔和，保质期也长。因此，“原麦芽汁浓度”是鉴定啤酒的一个硬性参考指标，可根据它的浓度来鉴定啤酒的可储存期。啤酒酒标的原麦芽汁浓度标识如图1-2所示。

图1-2 啤酒酒标的原麦芽汁浓度标识

（二）美制酒度（Degrees of Proof US）

美制酒度用Proof表示，在16℃条件下，当酒精在酒液中的体积占比达到50%时，则表示为100Proof。1标准酒度=2美制酒度。例如，如果某种酒的标准酒度是40%vol，那么其美制酒度就是80Proof。美制酒度主要在美国和加拿大使用。

（三）英制酒度（Degrees of Proof UK）

英制酒度是18世纪由英国人克拉克（Clark）创造的一种酒度计算方法，用Sikes表示。1标准酒度=1.75英制酒度。英制酒度不常用，只在一些英联邦国家使用。

知识巩固

1. 在中国，关于酒的起源，有古猿造酒说、仪狄造酒说和________________。
2. 标准酒度的表示方法有：________________________________。
3. ________________标准酒度=4美制酒度。
4. 啤酒酒标上的度数，如11°、10°，代表的是________________。
5. 请简要概述什么是酒。

任务2 酒的生产工艺

一、酿酒的基本原理

不同类型的酒水的酿造工艺各有特点，但酿酒基本原理和工艺流程主要包括以下七个步骤：原料处理、制曲、淀粉糖化、酒精发酵、蒸馏取酒、老熟陈酿、勾兑调校。

（一）原料处理

无论是酿造酒、蒸馏酒，还是二者的派生酒品，制酒用的主要原料均为糖质原料或淀粉质原料。为了充分利用原料，提高糖化能力和出酒率，并形成特有的酒品风格，酿酒的原料都必须经过一系列特定工艺的处理，主要包括原料的选择配比及其状态的改变等。环境因素的控制也是关键的环节。

糖质原料以水果为主，原料处理主要包括：根据酒的特点选择品种、采摘分类、除去腐烂果品和杂质、破碎果实、榨汁去梗、澄清抗氧、杀菌等。在北半球，每年的9月、10月是葡萄收获的季节，果农们进园采摘酿酒的葡萄，在24小时内将其送至酒厂进行处理，通过多次筛选，清除掉腐烂的、干枯的、不成熟的葡萄以及叶子、叶柄等。经过筛选后的葡萄会进入除梗机中进行去梗和压榨，从而获得优质的葡萄原汁。

淀粉质原料以麦芽、米类、薯类、杂粮等为主，采用复式发酵法，先糖化后发酵或糖化发酵同时进行。中国白酒广泛使用酒曲酿酒，其原料处理的基本工艺和程序是精碾或粉碎、润料、蒸煮、摊凉、翻料、入缸或入窖发酵等。

（二）制曲

酒曲也称酒母，多以含淀粉的谷类（大麦、小麦、麸皮）、豆类、薯类和含葡萄糖的果类为原料和培养基，经粉碎加水成块或饼状，在一定温度下培育而成。酒曲中含有丰富的微生物和培养基成分，如霉菌、细菌、酵母菌、乳酸菌等，真菌中有曲霉菌、根霉菌、毛霉菌等有益的菌种，“曲为酒之母，曲为酒之骨，曲为酒之魂”。曲是提供酿酒用各种酶的载体。中国是曲蘖的故乡，远在3000多年前，中国人不仅发明了曲蘖，而且学会了运用曲蘖进行酿酒。酿酒质量的高低取决于制曲的工艺水平，历史久远的中国制曲工艺给世界酿酒业带来了极其广阔和深远的影响。中国制曲的工艺各具传统和特色，即使在酿酒科技高度发展的今天，传统作坊式的制曲工艺仍保持着原先的本色，尤其是对于名酒，传统的制曲工艺奠定了酒的卓越品质。

（三）淀粉糖化

糖化是把酿酒原料中的淀粉转化成单糖的工艺。糖类按其化学结构可分为单糖、双糖和多糖。水果类原料富含单糖，不需要糖化，可以直接发酵成酒。比如，葡萄在被榨汁后进入发酵桶发酵就可以酿造出葡萄酒了。这是因为，葡萄酒的酿制原料葡萄汁属于果糖，果糖又属于单糖，可以直接用来酿酒。在生产酒精的过程中，果糖经酵解后，通过酵母细胞内的酒化酶作用被转化为酒精和二氧化碳。然而，当使用含淀粉质的谷物原料酿酒时，由于淀粉是由葡萄糖分子构成的，而酵母本身并不含有糖化酶，因此需要其他物质来促进淀粉的糊化，将其转化为糊精、低聚糖、可发酵性糖的糖化剂。这些糖化剂不仅包含能够分解淀粉的酶类，还包含一些能够分解原料中的脂肪、蛋白质、果胶等其他成分的酶类。在酿酒工艺中，曲和麦芽是常用的糖化剂。麦芽是通过大麦浸泡后发芽制成的，西方酿酒工艺中习惯使用麦芽作为糖化剂。而曲则是由谷类、麸皮等原料培养霉菌、乳酸菌等微生物制成的。

（四）酒精发酵

酒精发酵是酿酒过程中的主要阶段。发酵是酵母把酿酒原料中的糖转化为酒精的工艺。在这一过程中，酿酒所用的糖质原料，例如水果和糖蜜等，其本身含有葡萄糖、果糖、蔗糖和麦芽糖等多种糖类。这些糖类在酵母或细菌等微生物的作用下，能够直接转化为酒精。酒精发酵是一个复杂的生物化学过程，涉及大约30种不同的化学反应，并需要多种酶的参与。酒精是发酵过程的主要产物。除酒精外，被酵母菌等微生物合成的其他物质，以及原料中固有的芳香化合物、有机酸、单宁、维生素、矿物质、盐和酯类等成分，则共同决定了酒的品质和风格。

在酒精发酵过程中，产生的二氧化碳会导致发酵温度上升，因此必须严格控制发酵温度。如果发酵温度超过30～34℃，酵母菌可能会死亡，导致发酵过程终止。除糖质原料本身含有的酵母之外，还可以使用人工培养的酵母进行发酵。不同种类的酵母和其他微生物的使用，使得酒的风味和特色呈现出多样性。

（五）蒸馏取酒

蒸馏取酒是通过加热，利用沸点的差异使酒精从原有的酒液中浓缩分离，冷却后获得高酒精含量酒品的工艺。在标准大气压下，水的沸点为100℃，而酒精的沸点为78.3℃。当酒液被加热至这两个沸点之间时，会产生富含酒精的蒸汽。这些蒸汽通过管道收集并冷凝，与原酒液分离，再次液化变成液体酒，最终形成高酒度的酒品。在蒸馏过程中，原酒液中的酒精被蒸馏提取并收集，同时控制酒精的浓度，原酒液中的味素也随之被蒸馏，从而赋予蒸馏酒独特的芳香和口味。

据专家测验，采用蒸馏方法来提高酒度，酒精含量一次可提高3倍，即把酒精含量为15°的酒液进行一次蒸馏，可得到45°的酒液。但原则上，通过这种方法永远也得不到100%的纯酒精。

（六）老熟陈酿

酒是具有生命力的，尽管糖化、发酵、蒸馏等关键工艺步骤已经完成，但这并不意味着酿酒过程的彻底结束。新酿制的酒尚未完全实现酒品风格的物质转化，其品质往往较为粗糙，风味不够丰富，酒体也缺乏圆润。因此，新酒需要在特定的环境下进行窖藏，以促进其进一步的成熟。在经过一定时间的储存之后，酒的香气和风味将得到进一步的提炼和增强。这一过程，即新酒在窖中陈化，逐渐发展出醇香和优美品质的过程，通常被称为酒的老熟和陈酿。

俗话说“三分酿，七分藏”，白酒的酒体风味与储存老熟程度密切相关。不同白酒的储存期，按其香型及质量档次而异。如优质酱香型白酒储存期较长，要求3年以上；优质浓香型或清香型白酒一般需1年以上；普通级白酒较短也应储存3个月。刚蒸馏出来的白酒，具有辛辣刺激感，并含有某些硫化物等令人不愉快的气味。新酒经过一段储存期以后，刺激性和辛辣感会明显减轻，口味变得醇和、柔顺，香气和风味都得以改善，从而达到“酒越陈越香”的境界。

（七）勾兑调校

在酿酒过程中，由于原料质量的不稳定、生产季节的变换、不同的人工操作等，很难获得相同质量的酒液，因此需要将酒液加以勾兑，以达到预期质量。勾兑调校工艺是指将不同类型、不同年份和不同产地的原酒液半成品，或者选择不同等级的原酒液半成品，依据特定比例，并参照成品酒的质量标准，进行混合、调整和校对的过程。通过勾兑调校工艺，可以持续生产出品质均衡协调、质量稳定、风格传统地道的酒品。通过勾兑能使酒体质量更完美。这一工艺对于保持酒品的一致性和独特风格至关重要。

知识链接 ▶ 传统与现代共存，泸州老窖如何“风物常新”？

随着科技的进步，传统酿酒行业升级换代，展现出了全新的面貌。从1959年中国第一本白酒酿造专业教科书《泸州老窖大曲酒》由轻工业出版社出版问世起，泸州老窖就始终不断探索着现代科技与传统酿造技艺的结合。

人们常常形容酿酒工作“没有三百斤毛毛力，不要进烤酒坊”。自古以来，酿酒就是一项极具挑战性的体力活。在传统操作的制曲、拌糟、堆糟等环节，无不需要酿酒匠人在极为潮湿闷热的环境下进行挥汗如雨的高强度劳动作业。但现代科技的助力，则逐渐地改变了这一传统的“刻板印象”。随着智能机器的参与，不仅节省了人工劳动力，使得操作更加精细、出品更加稳定。尤其是在精细化控制场合，随着传感器技术的应用，机器得以分析酿制工序中的多数步骤，并模拟每位匠人的最佳状态，“拜师学艺”博采众家之所长。

泸州老窖的风味塑造，离不开微生物的帮助。正所谓“曲为酒之骨”，酒曲为酿酒过程提供了所需的微生物菌群。过去泸州老窖生产的“久香”牌大曲声名在外，曾被酒界泰斗周恒刚先生誉为“天下第一曲”。20世纪90年代时，迎着科技进步的浪潮，泸州老窖创建了泸州老窖制曲生态园作为专业化制曲基地，通过一整套自动控制和在线检测中央集成控制系统，实现了从小麦进场到成品曲出库粉碎全过程的高度智能化。

这些智能技术的运用，在提升产能的同时，还最大限度地降低了人为操作的不可控因素，使得出酒的质量也得到了稳定提升，主体香味成分提取率提升20%，优质酒比例提升10%。就连酿酒过程中废弃的酒糟，都能被转化为燃料与肥料，重新投入生产种植中去，达成产业的绿色循环。

在运用科技助力生产之外，泸州老窖也没有忘记对于传统的传承。为了保护、传承和发展中国传统酿酒技艺，泸州老窖整理总结出浓香型白酒“516”酿造工艺，一年一个生产周期，四次投粮、四次蒸煮、四次投曲、四季发酵、四次取酒；采用独特的“泥窖生香、续糟配料”工艺让新料老糟，无限循环；并严格遵循浓香型白酒“6分法工艺”取酒原则。四季酿酒，如此周而复始、年复一年。

从公元1324年郭怀玉发明“甘醇曲”开始，泸州老窖就引领着我国白酒酿造工艺创新的前沿。如20世纪50年代起勾调技术的运用，更是堪称破解了浓香型白酒的“香味密码”，将香味不同的酒液配合勾调，产生“1+1>2”的效果。厚重的历史绝不仅仅是对于传统的继承延续，更代表着一种始终坚持创新的开拓精神。在泸州老窖的传统生产工艺背后，蕴藏着无数现代智能技术加持下的“科技”，这是泸州老窖始终“风物常新”的不竭动力。它们无一不向我们昭示着——中国白酒，也可以很有科技感！

二、常见酒水的酿造方法

（一）白酒酿造

白酒酿造是中国传统工艺的精髓，以粮谷（如高粱、小麦等）为主要原料，通过一系列严谨的流程将粮食转化为具有独特风味的蒸馏酒。其核心在于利用曲药中的微生物发酵作用，结合蒸馏、陈藏等工艺，萃取粮食中的精华并赋予酒体复杂的香气与口感。白酒酿造的流程如下所示。

加入原料→粉碎→蒸粮→加入曲药→入窖→发酵→起窖→蒸馏→摘酒→陈藏→勾调→制成白酒

（1）高粱、粮食粉碎后，需要蒸熟，并待温度合适后加入曲药。

（2）加好曲药的粮食，倒进白酒窖池并封闭，经1个月至1年不等的时间发酵后，起窖取出酒糟。

（3）将酒糟撒入甑桶，通过蒸煮进行蒸馏。

（4）蒸馏出酒后，按前段、中段、尾段摘取酒液，得到新酿原酒。

（5）新酿原酒装入陶坛，在天然山洞或人工仓库里陈藏老熟。

（6）每坛原酒味道和香气并不相同，需要对其进行组合和调味，即勾调，以保证白酒口感和香气的一致性。

（7）灌装成瓶，白酒由此而生。

（二）红葡萄酒酿造

红葡萄酒以成熟葡萄为核心原料，通过精密的工序将果香转化为醇厚的美酒。其关键在于利用葡萄自带或人工添加的酵母启动发酵，配合果皮浸渍与橡木桶陈酿工艺，充分提取葡萄皮中的天然色素、单宁及香气物质，赋予葡萄酒深邃色泽与层次丰富的风味。红葡萄酒酿造的流程如下所示。

加入葡萄→破碎→发酵→储藏→制成红葡萄酒

（1）葡萄采摘后，去叶、梗、坏葡萄，并清洗。

（2）破碎压榨葡萄，得到葡萄汁。

（3）加酵母进入发酵桶发酵。

（4）转入橡木桶储藏。

（5）灌装成瓶。

（三）啤酒的酿造

啤酒酿造是历史悠久的发酵工艺，其酿造的基础原料主要包括水、麦芽、酵母和啤酒花。经麦芽制备、糖化、发酵等工序，将谷物中的淀粉转化为风味独特的酒精饮品。啤酒酿造的流程如下所示。

加入大麦→生成麦芽→干燥、粉碎→糖化、过滤→煮沸、冷却→发酵→过滤→制成啤酒

（1）将大麦生成麦芽，将淀粉变成糖。

（2）去掉麦芽根，烘干后粉碎。

（3）进入糖化锅，加温水糊化后过滤，得到麦芽汁。

（4）加啤酒花，在煮沸锅中煮沸，然后冷却。

（5）冷却麦芽汁加酵母，转入发酵罐发酵。

（6）过滤。

（7）鲜啤饮用或灌成瓶装啤酒。

知识巩固

1. ________________是通过加热，利用沸点的差异使酒精从原有的酒液中浓缩分离，冷却后获得高酒精含量酒品的工艺。
2. 制酒用的主要原料为糖质原料或淀粉质原料，其中糖质原料以________________为主，比如葡萄酒的原料就是糖质原料。
3. ________________是发酵过程的主要产物。
4. 请简要介绍酿酒的基本原理。
5. 请结合酿酒的原理，谈一谈为什么“酒越陈越香”。

任务3 酒的分类

一、按生产工艺分类

（一）发酵酒

发酵酒，又称酿造酒、原汁酒，是指以粮谷、水果、乳类等为原料，经酵母发酵工艺制成的，酒精体积分数<24%vol的饮料酒，其生产过程包括糖化、发酵、过滤、杀菌等。发酵酒的特点是酒精含量低，属于低度酒，保持原汁原味。发酵酒主要的酒种有葡萄酒、其他水果发酵酒、谷物发酵酒等（表1-1）。

表1-1　常见发酵酒的分类

分类	常见酒精饮品
葡萄酒	原汁葡萄酒（Natural Wines）
	起泡葡萄酒（Sparkling Wines）
	强化葡萄酒（Fortified Wines）
	加香葡萄酒（Aromatized Wines）
其他水果发酵酒	苹果酒（Cider）
	樱桃酒（Cherry Wines）
谷物发酵酒	啤酒（Beer）
	黄酒（Huangjiu）
	清酒（Sake）

（二）蒸馏酒

蒸馏酒，又称烈性酒，是指以粮谷、薯类、水果等为主要原料，经发酵、蒸馏、陈酿、勾兑制成的，酒精体积分数在18%vol～60%vol的饮料酒。蒸馏酒是根据酒精的物理性质，采用汽化方式而提取的高纯度酒液。这类酒的度数较高，其他固形物含量极少，刺激性较强。主要的酒种有谷物类蒸馏酒、水果蒸馏酒、果杂蒸馏酒等（表1–2）。

表1–2 常见蒸馏酒的分类

分类	常见酒精饮品
谷物类蒸馏酒	威士忌（Whisky & Whiskey）
	伏特加（Vodka & Wodka）
	金酒（Gin）
	中国白酒（Chinese Baijiu）
水果蒸馏酒	葡萄白兰地（Grape Brandy）
	苹果白兰地（Apple Brandy）
	樱桃白兰地（Cherry Brandy）
果杂蒸馏酒	朗姆酒（Rum）
	特基拉酒（Tequila）

（三）配制酒

配制酒是指以发酵酒、蒸馏酒或食用酒精为基酒，加入可食用的辅料或食品添加剂，进行调配、混合或再加工制成的，已改变了原基酒风格的饮料酒。这类酒含有糖分、色素和不同量的固形物。不同类别的配制酒，其酒精含量也有区别，如开胃酒、佐食甜酒、餐后酒等（表1–3）。

表1–3 常见配制酒的分类

分类	常见酒精饮品
开胃酒	味美思（Vermouth）
	苦味酒（Bitters）
	茴香酒（Anise）
佐食甜酒	雪莉酒（Sherry）
	波特酒（Port）
	马德拉酒（Madeira）
	玛萨拉酒（Marsala）
餐后酒	果实类利口酒（Fruits Liqueur）
	草药、香草类利口酒（Herbs & Spices Liqueur）
	种子、坚果类利口酒（Beans & Kernels Liqueur）

二、按酒中酒精含量分类

（1）高度酒　酒度在40°以上的酒属于高度酒。高度酒一般指各种蒸馏酒。
（2）中度酒　酒度在20°～40°的酒属于中度酒。中度酒一般指各种配制酒。
（3）低度酒　酒度在20°以下的酒属于低度酒。低度酒一般指各种发酵酒。

三、按生产原料分类

（1）水果类　以各种水果为原料生产的酒，如葡萄酒、白兰地等。
（2）粮食类　以各种谷物为原料生产的酒，如啤酒、米酒、威士忌、黄酒等。
（3）果杂类　以植物根茎为原料生产的酒，如以甘蔗为原料生产的朗姆酒等。

四、按商业经营分类

中国酒通常采用商业经营的分类方法，将其分为以下五类。

（一）白酒

白酒是以谷物为原料的蒸馏酒，它的品质特点是酒液清澈透明，质地纯净，芳香浓郁，醇和软润，刺激性较强（图1–3）。

（二）黄酒

黄酒是我国的民族特产，是世界三大酿造酒（黄酒、葡萄酒、啤酒）之一，是以糯米、大米（一般是粳米）、黍米等为原料的酿造酒，因其酒液颜色黄亮而得名（图1–4）。黄酒的特点是醇厚幽香，味感和谐，越陈越香，营养丰富。黄酒除了饮用，还可以作为中药的“药引”、烹调的配料。

（三）果酒

果酒是以水果、果汁等为原料的酿造酒，大都以果实名称命名，如葡萄酒、山楂酒、苹果酒、荔枝酒等（图1–5）。果酒的特点是色泽鲜艳，果香浓郁，酒香醇美，营养丰富。

图1–3　白酒

图1–4　黄酒

图1–5　果酒

（四）药酒

药酒是以成品酒（以白酒居多）为原料加入各种中草药材浸泡而成的，一种具有较高滋补、营养和药用价值的酒精饮料（图1-6）。

（五）啤酒

啤酒是以大麦、啤酒花等为原料的酿造酒，含有充足的二氧化碳气体（图1-7）。啤酒的特点是具有显著的麦芽和酒花清香，味道纯正爽口，营养价值较高，能够促进食欲，帮助消化。

图1-6 药酒

图1-7 啤酒

知识巩固

1. 按生产工艺分类，可把酒分成________、________、配制酒。
2. 中度酒指度数为________的酒。
3. ________和葡萄酒、啤酒并称“世界三大酿造酒”。
4. 请列举不少于五种发酵酒。
5. 请阐述发酵酒和蒸馏酒的区别。

项目二
非酒精饮料

项目导读

非酒精饮料（Non-Alcoholic Drink）又称软饮料（Soft Drink），是指酒度不超过0.5°的提神解渴饮料。非酒精饮料是日常生活中补充人体水分的来源之一，有助于维持身体的水平衡。不同类型的非酒精饮料具备提供能量、补充营养、提神醒脑、情绪调节等功能，在社交场合中，咖啡、茶等更成为人们社交中必不可少的饮料。非酒精饮料根据其成分和加工方式进行分类，主要包括果蔬汁饮料类、蛋白饮料类、包装饮用水类、茶饮料类、咖啡饮料类、固体饮料类、特殊用途饮料类等。通过学习非酒精饮料知识，可以开拓视野，深化对酒水文化与服务的认知，更灵活地为客人提供服务。本项目主要学习碳酸饮料、茶、咖啡和水的基本知识，让学生学会提供规范的非酒精饮料服务。

学习目标

知识目标

1. 熟悉碳酸饮料、茶、咖啡、水的基础知识。
2. 掌握碳酸饮料、茶、咖啡、水的服务流程。

技能目标

1. 能区分不同类型的碳酸饮料、茶、咖啡、水。
2. 能介绍非酒精饮料的基本知识。
3. 能提供规范的非酒精饮料服务。

素质目标

1. 拓宽酒水服务的知识面，感受多元饮品文化的魅力。
2. 塑造灵活应变、爱岗敬业的职业精神，提升专业理论自信。

任务1 碳酸饮料服务

一、碳酸饮料的主要原料

碳酸饮料俗称汽水，是指在一定条件下充入二氧化碳气体的软饮料。它由调和糖浆（甜味剂、酸味剂、香精、色素、防腐剂、果汁）、二氧化碳和水等主要原料生产配制而成。碳酸饮料作为一种传统软饮料品种，具有清凉解暑、补充水分的功能。

二、碳酸饮料的分类

碳酸饮料主要分为五类。

（1）果汁型碳酸饮料　指原果汁含量不低于2.5%的碳酸饮料，如橘汁汽水、橙汁汽水、菠萝汁汽水或混合果汁汽水等（图2–1）。

（2）果味型碳酸饮料　指以果香型食用香精为主要赋香剂，原果汁含量低于2.5%的碳酸饮料，如橘子味汽水、柠檬味汽水等（图2–2）。

（3）可乐型碳酸饮料　指含有焦糖色、可乐香精或类似可乐果和水果香型的辛香、果香混合香型的碳酸饮料（图2–3）。

（4）低热量型碳酸饮料　指以甜味剂全部或部分代替糖类的各型碳酸饮料和苏打水，每100毫升的热量低于75千焦（图2–4）。

（5）其他型碳酸饮料　指将植物提取物或非果香型的食用香精作为赋香剂以及补充人体运动后失去的电解质、能量等的碳酸饮料，如运动汽水等。

在众多碳酸饮料中，可乐汽水、柠檬味汽水、汤力汽水、姜味汽水、苏打汽水等会用于调制混合饮品。

图2–1　果汁型碳酸饮料

图2–2　果味型碳酸饮料

图2–3　可乐型碳酸饮料

图2–4　低热量型碳酸饮料

三、碳酸饮料服务

1. 吧台上的汽水出品服务程序

（1）将两张杯垫摆放在吧台上，杯垫图案朝向客人。

（2）在高杯中加入半杯冰块并放在靠近客人右手的杯垫上。
（3）打开汽水瓶（罐）盖前须向客人确认汽水品牌并询问是否现在打开。
（4）倒汽水时，商标正面朝向客人。
（5）将剩余汽水的瓶（罐）摆放在高杯右上方的另一张杯垫上，商标正面朝向客人。
（6）询问客人是否需要加入柠檬片并为客人夹入杯中。
（7）在高杯中插上搅棒和吸管。
（8）请客人慢慢品尝。
（9）主动为客人添加汽水并及时询问是否再要一瓶（罐）。

2. 汽水出品服务注意事项

（1）饮用前需冷藏，饮用温度为10℃。
（2）开瓶时不要摇动，避免饮料喷出溅洒到客人身上。
（3）使用高杯并在杯中加入半杯冰块。
（4）倒汽水时，瓶口不能触到杯口边缘。
（5）绝大部分汽水可在杯中加入柠檬片（橙味汽水除外），以增加清新感。
（6）瓶装汽水和罐装汽水必须在客人面前打开。

知识巩固

1. 碳酸饮料俗称汽水，是指在一定条件下充入________气体的软饮料。
2. 果汁型碳酸饮料是指原果汁含量不低于________的碳酸饮料。
3. 汽水开瓶时不要________，避免饮料喷出溅洒到客人身上。
4. 为什么提供汽水服务时，不需要在橙味汽水中加入柠檬片？
5. 请列举不少于五种常用于调制混合饮品的碳酸饮料。

任务2
茶服务

一、茶的起源

茶起源于中国几乎是一个不争的事实。早在《诗经》和《尔雅》中，就有关于茶树的记载，只不过那时的“茶”是写作“荼”的，如“谁谓荼苦？其甘如荠”（《诗经·国风·邶风·谷风》）。后来唐代陆羽的《茶经》也有明确记载，“茶者，南方之嘉木也……发乎神农氏，闻于鲁周公”，一个知名的传说便是神农氏尝百草而得茶。为了救济黎民苍生，传说中农耕的创始人神农氏，带着獐鼠打算尝遍山间所有草药。一天，獐鼠中毒后无意吸吮了一棵青树的汁液，便奇迹般地复活了，神农氏尝过汁液后也倍觉神清气爽，便开始号召大家广种此树，这也便是后来的茶树。关于茶的起源，也有不一致的意见，比如英国一些专家则认为茶发源于印度或亚洲其他地方。随着考证才明确了19世纪时英国在印度发现的茶树是从中国偷运过去的，至此才逐渐达成共识，即中国是茶树的原产地，大体位置是西南地区（也有江浙地区等说法）。

二、茶叶的种类

依据茶叶制造方法和茶多酚氧化程度的不同，中国现代茶叶分为六大类：绿茶、红茶、青茶（乌龙茶）、白茶、黄茶、黑茶。

（1）绿茶　绿茶是未经发酵的茶，其制作工艺主要包括杀青、揉捻和干燥等步骤，其中杀青是关键环节。绿茶的杀青方式分为热蒸汽杀青和锅炒加热杀青两种。以热蒸汽杀青法制作的绿茶称为“蒸青绿茶”；以锅炒加热杀青法制作的绿茶有三种干燥方式，根据其干燥方式分为炒青绿茶、烘青绿茶和晒青绿茶。绿茶具有自然清香、味美、形美、耐冲泡等特点。代表茶品有西湖龙井、洞庭碧螺春、竹叶青、信阳毛尖、太平猴魁、六安瓜片、庐山云雾茶、黄山毛峰、安吉白茶、恩施玉露、都匀毛尖等。

（2）红茶　红茶的茶叶呈黑色或黑褐色。与绿茶截然不同，红茶属于全发酵茶，经过萎凋、揉捻、发酵、干燥等工序制作而成，茶性温和，茶汤呈现出红艳明亮的颜色，香气独特，滋味醇厚，回甘好。红茶按制造方法的不同，可分为小种红茶、工夫红茶和红碎红茶。代表茶品有祁门红茶、滇红、英德红茶、正山小种等。

（3）青茶　青茶又称乌龙茶，介于绿茶和红茶之间，是一种半发酵茶。其制作工艺复杂精细，需要严格控制发酵程度，以保留茶叶中的香气和滋味。青茶香气高长、滋味醇厚，既有绿茶的清新，又有红茶的甘甜。青茶主产于福建、广东、台湾三省。青茶在六大类茶中工艺最复杂费时，泡法也最讲究。代表茶品有铁观音、大红袍、肉桂、水仙、凤凰单丛、东方美人、冻顶乌龙等。

（4）白茶　白茶是微发酵茶，不揉不炒，经过日晒，自然萎凋最好。随着时间的推移，白茶会逐渐陈化，香气更加浓郁，口感更加醇厚。白茶主要产于福建福鼎、政和、建阳、松溪等地，以及云南勐海、勐腊、普洱、景谷等地。白茶因茶树品种、原料采摘的标准不同有芽茶和叶茶之分。单芽制成的称“银针”，叶片制成的称“寿眉”，芽叶不分离的称“白牡丹”。代表茶品有白牡丹、白毫银针、寿眉、贡眉等。

（5）黄茶　黄茶属于轻微发酵茶，发酵程度为10%～20%，其制作工艺跟绿茶相似，只不过多了一道闷黄（有的地方称闷堆、初包、复包或渥堆）工序，即：杀青—揉捻—闷黄—干燥。依据鲜芽叶的老嫩程度，可将黄茶分为：黄芽茶、黄小茶和黄大茶。黄芽茶，单芽或一芽一叶，香味鲜醇；黄小茶是采摘细嫩芽叶加工而成，汤色橙黄，香气清高，味道醇厚，甘甜爽口；黄大茶，以一芽二、三叶甚至一芽四、五叶为原料制作而成，汤色深黄显褐，叶底黄中显褐，滋味浓厚醇和，具有高嫩的焦香。代表茶品有蒙顶黄芽、君山银针、阳春毛尖等。

（6）黑茶　黑茶，作为中国特有的茶类之一，属于后发酵茶。因其所制成的茶叶在颜色上看起来是黑色，因此被称为黑茶。其加工工艺包括杀青、揉捻、渥堆和干燥等关键步骤，其中渥堆是形成黑茶品质的关键工序。黑茶生产历史悠久，主要产于中国的云南、湖南、湖北、广西等地，外形多样，常见的有茶砖、沱茶和柱状茶等。黑茶的色泽通常为深红褐色至黑色，茶汤多为红褐色或深红色，叶底深红褐色，具有独特的陈香气味，口感浓厚、醇和。代表茶品有湖南黑茶（茯砖茶、千两茶、黑砖茶、三尖等）、湖北青砖茶、四川藏茶（边茶）、安徽古黟黑茶（安茶）、云南黑茶（普洱熟茶）、广西六堡茶及陕西黑茶（茯茶）等。

三、茶的冲泡

茶的冲泡不仅可以激发茶叶的本真风味，还可以丰富品茶体验，展现茶文化的精髓。

茶叶在制作的过程中，有一个工序叫作揉捻，即以机械力作用于茶青，按压、揉搓，使叶片里的风味物质，如带来苦、涩、鲜、甜、香的物质——茶多酚、茶氨酸、咖啡因、果胶质和茶多糖类等，一部分被带到叶片表面，一部分保留在叶片中。在泡茶时，先是叶片表面的可溶性物质溶解在水里，继而叶片里面的物质移动到叶片表面，然后再溶解到水中，形成有一定黏稠度的、滋味丰富的茶汤。由此可见，泡茶的实质是一个物质溶解的过程。水为溶剂，可溶性的风味物质为溶质，溶质溶解的量，决定了茶汤的浓度；溶解的速度，影响了茶的耐泡度；各种物质溶解得是否和谐，影响了茶汤的适口性。

泡好一款茶，需要关注泡茶的“三要素”——置茶量、泡茶水温和浸泡时间。

（1）置茶量　在泡茶之前，确定壶内茶叶的投放量尤为重要。茶叶投放量若不足，所制得的茶汤淡薄，滋味寡淡，难以呈现茶叶的风味特色；反之，投放量过多，则易导致茶汤苦涩浓重，口感不佳，无法达到理想的品饮效果。对此，可以以“茶水比”作为衡量茶叶用量的关键指标，它指的是茶叶与水之间的比例关系。当运用专业器具并采用规范泡茶方法时，通常茶水比处于1∶15至1∶25的区间范围，即每1克茶叶对应15～25毫升的水，此比例会依据茶叶品种、等级、工艺等特性差异而有所变动。如果采用日常闷泡法进行泡茶，考虑到闷泡过程茶叶持续浸出，为平衡口感，茶水比例控制在1∶50至1∶100之间。如果采用煮茶的形式，由于煮茶过程伴随着持续高温，茶叶内含物质释放迅速且量大，为防止茶汤苦涩过度，茶叶投放量需相应减少，适宜的茶水比在1∶150至1∶200范围内。

（2）泡茶水温　在泡茶术语体系中，对于水温有着明确分类：高温水，指温度处于90～100℃的水；中温水，指温度在80～90℃的水；低温水，界定为80℃以下的水。除此之外，还有常温水、冰水等不同水温类别。一般而言，水温高，茶香明显，茶汤滋味浓重，容易显苦涩；水温低，茶香不高，茶汤滋味柔和但容易寡淡显水味。基于茶叶特性与水温的适配关系来看，多数绿茶由于其原料较为细嫩，咖啡因含量相对较高，在冲泡时容易产生苦涩之感，因而选用低温水冲泡效果更佳。红茶、白茶、花茶以及黑茶，这类茶叶使用中温水冲泡，能很好地激发出其宜人的风味，泡出美味茶汤。而像乌龙茶、普洱生茶以及一些陈化年限较长的老茶，它们的内含物质丰富且复杂，需采用高温水冲泡，才能促使其特有的风味得以尽情展现。

（3）浸泡时间　茶泡得好不好，和每一泡的浸泡时间有很大关系。绿茶、青茶、普洱生茶风味易受浸泡时间影响，四五秒之差滋味便大不同；白茶、红茶、黑茶对浸泡时间相对宽容，40秒与60秒浸泡差别不大。日常闷泡法，茶叶少则浸泡时间长些，高温水冲泡以3～5分钟为佳；冷泡法，浸泡时间需按小时算，1～4小时浸泡为佳。

知识链接 ▶ 国家级非物质文化遗产——潮州工夫茶艺

潮汕地区自古以来盛产茶叶，工夫茶起源于宋代，历经千年的发展和演变，融合茶文化和武术元素，通过茶艺表演的形式展示茶的冲泡过程，茶艺表演和传统文化相互交融，形成了独特的茶道艺术。

工夫茶的“工夫”体现在何处？那自然要提及其冲泡技艺。工夫茶有它的“独门绝技”——二十一式冲泡法，涵盖工夫茶艺全程，可谓是文艺有范、方式齐全。

第一式——茶具讲示：工夫茶茶具包括孟臣壶、若深杯、玉书碨、红泥炉等。

第二式——茶师净手：泡茶之前需要做好手部清洁，保持双手洁净无异味。

第三式——泥炉生火：用泥炉生炭烧开的水，更有独特的风味。

第四式——砂铫掏水：“砂铫”指的是煮水用的小容器，在工夫茶中指烧水的小陶壶。

第五式——榄炭煮水：乌榄炭烧得开水泡茶能令茶汤鲜活清甘。

第六式——开水热罐：“罐”指的是茶壶，俗称冲罐。

第七式——再温茶盅：茶盅即茶杯，工夫茶常用薄胎“蛋壳杯”，以“若深杯”最为著名。

第八式——茗倾素纸：以白色小方纸代替茶则，方便观察茶叶的成色情况。

第九式——壶纳乌龙：工夫茶常用乌龙茶叶，也可以冲泡其他茶类。

第十式——甘泉洗茶：洗茶去沫，避免苦涩。

第十一式——提铫高冲：用开水沿壶边定点连续加水，高冲令沸水直入壶底去除涩滞。

第十二式——壶盖刮沫：充满开水后让白沫浮出壶面，提盖从壶口刮沫，然后盖上。

第十三式——淋盖追热：淋盖可以起到去沫和追温的作用，壶外追温令茶香充满壶内。

第十四式——烫杯、滚杯：烫杯能提杯温，滚杯能起香。

第十五式——低洒茶汤：低斟出汤，能减少飞溅或产生气泡。

第十六式——关公巡城：工夫茶不用公道杯，执壶循回往复匀速出汤。

第十七式——韩信点兵：茶汤点滴务尽，防止剩茶残留浸泡过久导致后续苦涩。

第十八式——敬请品味：洒茶完毕，宾主互相礼让，按照辈分顺序轮流喝。

第十九式——先闻茶香：饮茶先闻茶，杯面迎鼻，香气齐集。

第二十式——和气细啜：乘热执杯，杯缘接唇，啜饮而尽。

第二十一式——三嗅杯底、瑞气圆融：饮完茶汤后再闻，挂杯的茶香，温冷殊异。

四、茶服务

1. 准备工作

（1）准备好各种茶叶。

（2）准备充足、干净、无破损的茶壶。

（3）将保温壶注满开水。

2. 点茶服务

（1）面带微笑，迎接宾客，致以问候“您好，欢迎光临”“先生/女士，您好，请问有什么可以帮到您吗”。

（2）熟练掌握各种茶水知识，向客人介绍各种茶水及其特点。

（3）客人确认茶品后，取茶并为客人冲茶。

3. 斟茶

（1）手提茶壶倒茶，倒茶时另一只手按住茶壶盖，茶水倒入茶杯七分满。

（2）用托盘将茶送到餐桌，依次将茶杯递给客人。

（3）礼貌地请客人用茶，“这是为您准备的××茶，请您品尝”，然后将茶壶摆放在餐桌上。

4. 加水

（1）当茶壶内的水只剩下1/3时，要及时为客人添加开水。

（2）如发现茶水淡了，要主动询问客人是否需要更换茶叶，如客人同意则立即更换。

知识巩固

1. ______________是未经发酵的茶，其制作工艺主要包括杀青、揉捻和干燥等步骤。
2. 中国六大茶类是：绿茶、红茶、______________、白茶、黄茶、黑茶。
3. 泡茶的“三要素”是指置茶量、泡茶水温和______________。
4. 当茶壶内的水只剩下______________时，要及时为客人添加开水。
5. 请简述茶服务的服务规范。

任务3 咖啡服务

一、咖啡的起源

“咖啡”一词来源于希腊语“Kaweh”，是“力量与热情”的意思。关于咖啡起源的传说有两个常见的版本。一个版本是，在非洲埃塞俄比亚一个叫凯夫的小镇，一个牧羊童在牧羊后发现他的羊兴奋异常。久经观察后，他发现问题出在羊吃过的一株灌木果上。他认为这种果实百害无利，便将其丢弃在火里，可出乎意料的是，居然满屋飘香，他将果实煮成汤喝，顿觉神清气爽。从此，这种红色的果实便成为提神醒脑的最佳饮品。另一个版本是，传说一个阿拉伯人因罪被流放，在途中他发现了一只有趣的鸟，每当它啄食一种果实就会发出一阵婉转的鸣叫，他便把这种奇妙的果实煮水饮用。后来，他使用这种果实消除沿路之人的病痛，抵消了罪恶，从此咖啡豆开始风靡整个阿拉伯半岛，并流传到了欧洲。

比较一致的说法是，咖啡发源于非洲，但在16世纪流传至欧洲后，便由法国、意大利等将其发扬光大甚至推向了顶峰。17世纪，首家咖啡屋在意大利威尼斯落户，随后，咖啡屋便如雨后春笋般地出现在欧洲的大街小巷，喝咖啡逐渐由时尚变成了习惯。

二、咖啡的生产过程

咖啡的生产过程一般经过咖啡的种植、咖啡豆的采摘、咖啡豆的加工、咖啡豆的烘焙等过程。

（1）咖啡的种植　咖啡的生命旅程起始于特定的地理区域——热带与亚热带的肥沃之地。阿拉比卡和罗布斯塔两大主要品种的咖啡树偏爱温暖且湿润的气候条件，以及富含各类矿物质、具备良好排水性能的土壤。种植者精心挑选种子，通过科学的种植方法，确保咖啡树健康成长。咖啡树从栽种到初次结果，一般需要历经三到五年的漫长时光，而那些树龄更为长久的咖啡树，往往能产出品质更为卓越的咖啡豆，是优质咖啡的重要来源。

（2）咖啡豆的采摘　咖啡豆采摘通常分为手摘和机械采摘两种方式。手摘凭借人工的精准判断，能够确保只摘取已经成熟的果实，最大程度保证咖啡豆的品质；而机械采摘虽然在效率上具有显著优势，可以在短时间内收获大量咖啡果，但由于机械难以精准区分成熟与未成熟的果实，可能会混入部分未成熟的果实，影响最终咖啡豆的品质。采摘后的咖啡果需经过脱皮、发酵、洗涤和干燥等步骤，去除果肉、果胶和多余水分，留下绿色的咖啡豆。

（3）咖啡豆的加工　加工过程对咖啡豆的风味有着至关重要的影响。世界各产地的处理方式不尽相同，但主要可分为干式（日晒法）、湿式（水洗法）、蜜处理。干式直接将咖啡豆在阳光下晾晒，这种方法保留了更多果香；湿式通过发酵去除果胶后，再进行水洗和晾晒，得到的咖啡豆口感更加纯净；蜜处理又称为“去果肉自然干燥”（也称为半日晒）或是半水洗，介于水洗法和日晒法之间，十分耗时且工法讲究，采收之后必须先筛选成熟的咖啡浆果，剥除外围的果肉并保留果胶层，然后让咖啡豆黏附着果胶层再进行曝晒。干燥后，让咖啡豆静置约两个月的时间，才进行碾磨。加工完成后，咖啡豆被分级、打包，准备运往世界各地。

（4）咖啡豆的烘焙　烘焙是咖啡豆风味塑造的关键步骤。烘焙过程中，咖啡豆经历了一系列复杂的化学反应，如梅拉德反应和焦糖化反应，这些反应赋予了咖啡独特的香气、色泽和口感。烘焙程度从浅到深，分为浅烘焙、中烘焙、深烘焙等，每种烘焙程度都会带来不同的风味特征。烘焙师需根据咖啡豆的品种、产地和个人偏好，精心调整烘焙条件，以达到最佳风味效果。

三、世界著名咖啡

（1）危地马拉安提瓜咖啡　产于危地马拉，此豆属于波旁种的咖啡豆，是酸味较强的品种之一，味道香醇而略具野性。由于得天独厚的生长环境，危地马拉安提瓜咖啡的风味口感特征浓郁，口感柔滑，于芳醇中略含炭烧味，就好像巧克力的甜美和烟气混合在一起。由于这种独特的炭烧香，安提瓜咖啡又被称为“香烟咖啡”。

（2）苏拉威西托拉雅咖啡　苏拉威西岛上的塔纳托拉雅人种植培育的托拉雅咖啡豆。其成熟的果实有浓郁的味道和黑巧克力的颜色，咖啡豆具有浓郁的水果香和质朴的甜味。对于讨厌苦涩咖啡的人来说，这种咖啡是最好的选择，因为当尝下去第一口的苦涩很快就奇迹般地消失了，留在口中的是美妙的快感。

（3）巴拿马瑰夏咖啡　起源于埃塞俄比亚瑰夏森林，1960年传到巴拿马，在埃斯特拉达翡翠庄园等精品咖啡庄园的悉心培植下，大放异彩。如今瑰夏已经成为世界上价格最高的咖啡。巴拿马瑰夏生长的海拔在1500～1650米，烘焙程度多为浅度烘焙，具有花香、热带水果、较高的甜感风味特点。

（4）埃塞耶加雪菲咖啡　产于埃塞俄比亚的耶加雪菲的咖啡。耶加雪菲是当地一个小镇的名字。作为咖啡的故乡，埃塞俄比亚上千年的种植历史和加工传统造就了优质的水洗阿拉比卡豆。浅度烘焙有着独特的柠檬、花香和蜂蜜般的甜香气，柔和的果酸及柑橘味，口感清新明亮，可以说是花香水果系的咖啡代表之一。

（5）苏门答腊曼特宁咖啡　产自印尼苏门答腊岛北部，是最有“咖啡味儿”的咖啡。曼特宁咖啡，生长在海拔1500米左右的高原山地，适合中深度烘焙，风味比较浓郁、醇厚，有着令人愉悦的微酸。特殊的种植环境和湿刨法加工让曼特宁具有果木的香，焦糖的甜，喝完还有很强的回甘，特别适合亚洲人口味。

（6）牙买加蓝山咖啡　这是产在蓝山山脉的咖啡。这里所说的蓝山山脉位于牙买加岛东部，地处地震带，拥有肥沃的火山土壤，空气清新，没有污染，气候湿润，终年多雾多雨，年平均降水为1980毫米，气温在27℃左右，又有雨林树木遮荫。这样的气候和环境造就了享誉世界的牙买加蓝山咖啡，其风味柔和、甜美，甜、酸、苦三味平衡，还有巧克力和坚果风味。

（7）肯尼亚咖啡　肯尼亚咖啡大多生长在海拔1500～2100米的地方，一年中收获两次。其主要特色是鲜明的水果香，常见的水果香是柑橘。肯尼亚咖啡具有多层次感的口味和果汁的酸度，完美的柚子和葡萄酒的风味，醇度适中，是许多咖啡业内人士最喜爱的单品咖啡。

（8）夏威夷科纳咖啡　科纳咖啡产于夏威夷科纳地区，是只能栽种在火山斜坡上的稀罕品种，味道香浓甘醇，且带有一种葡萄酒香、水果香和香料香的混合香味，风味极特殊。上选的科纳咖啡有适度的酸味和温顺丰润的口感，以及一股独特的香醇风味。科纳咖啡香气扑鼻，口感独特，并且具有突出的地区特色，在国际竞争中脱颖而出。

四、咖啡服务

（1）问候客人，呈递酒水单。

（2）面带微笑，站在客人右侧，认真听取客人的点单。

（3）点单时，可根据客人的性别、年龄、爱好等进行相应的咖啡饮品推荐。比如，根据客人的口味偏好，挑选出合适的咖啡饮品并提供详细的介绍。

（4）重述客人所点内容，确认无误后下单。

（5）右手拿咖啡杯碟，上放咖啡杯，茶匙平置于咖啡杯前，左手托住杯底，从客人右手边放于客人两手之间。注意避免手指碰到杯口。

（6）在请客人品尝咖啡时，可以向客人介绍咖啡的品种、咖啡豆的来源和烘焙程度等信息，以增强客人的体验感。

知识巩固

1. ____________，产自印尼苏门答腊岛北部，是最有“咖啡味儿”的咖啡。
2. 在咖啡的加工工艺中，____________又称为“去果肉自然干燥”，介于水洗法和日晒法之间。
3. 提供咖啡服务时，需要____________拿咖啡杯碟，____________托住杯底。
4. 请用自己的话介绍一种世界著名咖啡。
5. 请简述咖啡服务的规范。

任务4

水服务

一、常见的饮用水类型

根据国家标准GB/T 10789—2015《饮料通则》，包装饮用水是饮料中的一大类别，其定义为以直接来源于地表、地下或公共供水系统的水为水源，经加工制成的密封于容器中可直接饮用的水，具体分类如表2-1所示。

表2-1 包装饮用水分类

<table>
<tr><th colspan="2">分类</th><th>定义</th></tr>
<tr><td colspan="2">饮用天然矿泉水</td><td>从地下深处自然涌出的或经钻井采集的，含有一定量的矿物质、微量元素或其他成分，在一定区域未受污染并采取预防措施避免污染的水；在通常情况下，其化学成分、流量、水温等动态指标在天然周期波动范围内相对稳定。
矿泉水本质上属于天然水，但天然水不一定是矿泉水。矿泉水必须是深层地下水，其含有的矿物质或二氧化碳等成分必须达到国家标准中界限指标里的一项或一项以上。一般来说，矿泉水水质稳定、微生物含量很少，并且含有一定量的人体所需矿物质和微量元素，如锌、硒、锶等</td></tr>
<tr><td colspan="2">饮用纯净水</td><td>以直接来源于地表、地下或公共供水系统的水为水源，经适当的水净化加工方法，制成的制品。
纯净水在处理过程中去除了水中的细菌、病毒、重金属元素和有机物等有害成分，硬度较低，口感较好，可以直接饮用，烧水时也不会形成水垢。但在处理过程中，也去除了钾、钙、锌等对人类有益的矿物质</td></tr>
<tr><td rowspan="3">其他类饮用水</td><td>饮用天然泉水</td><td>以地下自然涌出的泉水或经钻井采集的地下泉水，且未经过公共供水系统的自然来源的水为水源，制成的制品</td></tr>
<tr><td>饮用天然水</td><td>以水井、山泉、水库、湖泊或高山冰川等，且未经过公共供水系统的自然来源的水为水源，制成的制品</td></tr>
<tr><td>其他饮用水</td><td>如以直接来源于地表、地下或公共供水系统的水为水源，经适当的加工方法，为调整口感加入一定量矿物质，但不得添加糖或其他食品配料制成的制品</td></tr>
</table>

从水源来看，纯净水的水源来自公共供水或非公共供水，天然水、天然泉水和矿泉水的水源则来自非公共供水。

二、水服务

1. 吧台上的矿泉水出品服务流程

（1）将两张杯垫摆放在吧台上，杯垫图案朝向客人。

（2）将高杯放在靠近客人右手的杯垫上。

（3）打开矿泉水瓶盖前需向客人确认品牌并询问是否现在打开。

（4）倒矿泉水时，商标正面朝向客人。

（5）将剩余矿泉水的瓶子摆放在高杯右上方的另一张杯垫上，商标正面朝向客人。

（6）询问客人是否需要加入柠檬片并为客人加入杯中。

（7）请客人慢慢品尝。

（8）主动为客人添加矿泉水并及时询问是否再要一瓶。

2．矿泉水或蒸馏水出品服务注意事项

（1）饮用前需要冷藏，饮用温度为8～12℃。

（2）使用高杯或水杯，杯中不加冰块。

（3）倒矿泉水时，瓶口不能触到杯口边缘。

（4）可询问客人是否需要加入柠檬片。

（5）瓶装水和罐装水必须在客人面前打开。

知识巩固

1. 包装饮用水是以直接来源于________________、地下或________________的水为水源，经加工制成的密封于容器中可直接饮用的水。
2. 为客人提供矿泉水服务时，注意在倒矿泉水时，________________正面朝向客人。
3. ________________是指以直接来源于地表、地下或公共供水系统的水为水源，经适当的水净化加工方法，制成的制品。
4. 请简述饮用天然矿泉水和饮用纯净水的区别。
5. 请简述在吧台上的矿泉水出品服务流程。

项目三
发酵酒

项目导读

发酵酒是以粮谷、薯类、水果、乳及乳制品、蜂蜜等为主要原料，经发酵或部分发酵酿制而成的饮料酒。这类酒的酒精含量一般都不高，一般为3%~18%。发酵酒种类繁多，常见的发酵酒有葡萄酒、啤酒、黄酒、清酒等，其中葡萄酒、啤酒和黄酒被称为世界三大古酒。通过学习发酵酒知识与服务，可以对酒水行业有更全面的认识和了解，同时促进不同地区的文化交流和繁荣。本项目主要学习葡萄酒、啤酒、黄酒、清酒的基本知识，学习不同种类的发酵酒及能正确地按规范服务。

学习目标

知识目标

1. 了解发酵酒的起源、酿造工艺。
2. 熟悉发酵酒的分类、名品、储藏要求。
3. 掌握发酵酒的服务流程。

技能目标

1. 能区分发酵酒的类别。
2. 能正确地品鉴发酵酒。
3. 能提供规范的发酵酒服务。

素质目标

1. 激发对发酵酒的热爱。
2. 树立精益求精的精神。
3. 提高对酒水行业的认同感。

任务1
葡萄酒服务

一、葡萄酒的起源与发展

据考古学家研究，最早的葡萄酒酿造遗址位于伊朗，距今约7000年。此外，古埃及和古希腊也是葡萄酒的重要发源地。公元前3000年左右，古希腊开始流行葡萄酒。希腊神话中有很多关于葡萄酒的故事和传说，如狄俄尼索斯（Dionysus）是葡萄酒狂欢之神。公元前500年左右，罗马人开始广泛种植和酿造葡萄酒。罗马帝国时期，葡萄酒甚至成为罗马士兵的工资之一，并在帝国的各个省份广泛传播。中世纪随着罗马帝国的衰落，基督教会兴起，葡萄酒在欧洲的传播受到一定影响。这一时期，葡萄酒成为基督教仪式的一部分，如圣餐礼中的葡萄酒和面包。自16世纪起，葡萄酒开始在世界范围内传播。随着新世界的发现，欧洲的葡萄酒品种和酿造技术传播到了美洲、澳大利亚、南非等地。今天，葡萄酒已经成为全球流行的饮品之一。

二、葡萄酒的定义与分类

（一）葡萄酒的定义

葡萄酒是以葡萄或葡萄汁为原料，经全部或部分酒精发酵酿制而成的，含有一定酒度的发酵酒。

（二）葡萄酒的分类

1. 按色泽分类

（1）白葡萄酒（White Wines） 外观色泽近似无色或呈现微黄带绿、浅黄、禾秆黄、金黄色等颜色的葡萄酒。

（2）桃红葡萄酒（Rose Wines） 外观色泽近似桃红或呈现淡玫瑰红、浅红色等颜色的葡萄酒。

（3）红葡萄酒（Red Wines） 外观色泽近似紫红或呈现深红、宝石红、红微带棕色、棕红色等颜色的葡萄酒。

2. 按酒中含糖量分类

（1）干葡萄酒（Dry Wines） 总糖小于或等于4.0克每升的葡萄酒。或者总酸与总糖的差值小于或等于2.0克每升时，总糖最高为9.0克每升的葡萄酒。

（2）半干葡萄酒（Semi-dry Wines） 总糖大于干葡萄酒，最高为12.0克每升的葡萄酒。或者当总糖与总酸的差值小于或等于10.0克每升时，总糖最高为18.0克每升的葡萄酒。

（3）半甜葡萄酒（Semi-sweet Wines） 总糖大于半干葡萄酒，最高为45.0克每升的葡萄酒。

（4）甜葡萄酒（Sweet Wines） 总糖大于45.0克每升的葡萄酒。当甜葡萄酒中的糖完全来源于葡萄原料时可称为天然甜葡萄酒。

（5）自然起泡葡萄酒（Brut Nature Sparkling Wines） 总糖小于或等于3.0克每升的起泡葡萄酒。

（6）超天然起泡葡萄酒（Extra Brut Sparkling Wines） 总糖为3.1～6.0克每升的起泡葡萄酒。

（7）天然起泡葡萄酒（Brut Sparkling Wines） 总糖为6.1～12.0克每升的起泡葡萄酒。

（8）绝干起泡葡萄酒（Extra-dry Sparkling Wines） 总糖为12.1～17.0克每升的起泡葡萄酒。

（9）干起泡葡萄酒（Dry Sparkling Wines） 总糖为17.1～32.0克每升的起泡葡萄酒。

（10）半干起泡葡萄酒（Semi-dry Sparkling Wines） 总糖为32.1～50.0克每升的起泡葡萄酒。

（11）甜起泡葡萄酒（Sweet Sparkling Wines） 总糖大于50.0克每升的起泡葡萄酒。

3. 按二氧化碳含量分类

（1）平静葡萄酒（Still Wines） 在20℃时，二氧化碳压力小于0.05兆帕的葡萄酒。

（2）含气葡萄酒有以下三种。

①起泡葡萄酒（Sparkling Wines）：在20℃时，二氧化碳（全部由发酵产生）压力大于或等于0.35兆帕（对于容量小于250毫升的瓶子二氧化碳压力等于或大于0.3兆帕）的含气葡萄酒。

②低泡葡萄酒（Semi-sparkling Wines）：在20℃时，二氧化碳（全部由发酵产生）压力在0.05～0.34兆帕（对于容量小于250毫升的瓶子二氧化碳在0.05～0.29兆帕）的含气葡萄酒。

③葡萄气酒（Carbonated Wines）：酒中所含二氧化碳是部分或全部由人工添加的，具有同起泡葡萄酒类似物理特性的含气葡萄酒。

4. 按产品特性分类

特种葡萄酒（Special Wines）指在种植、采摘或酿造工艺中使用特定方法酿制而成的葡萄酒，包括以下几种。

①含气葡萄酒（Carbon Dioxide-containing Wines）：在20℃时，二氧化碳压力等于或大于0.05兆帕的葡萄酒。

②冰葡萄酒（Ice Wines）：当气温低于-7℃时，使葡萄在树枝上保持一定时间后采收，在结冰状态下压榨，发酵酿制而成的葡萄酒（在生产过程中不允许外加糖源）。

③低度葡萄酒（Low Alcohol Wines）：经中止发酵，获得酒度小于7.0%vol的葡萄酒。

④贵腐葡萄酒（Noble Wines）：在葡萄的成熟后期，葡萄果实感染了灰绿葡萄孢霉菌，使果实的成分发生了明显的变化，用这种葡萄酿制而成的葡萄酒（在生产过程中不允许外加糖源）。

⑤产膜葡萄酒（Flor or Film Wines）：葡萄汁经过全部酒发酵，在酒的表面产生一层典型的酵母膜后，加入葡萄白兰地、葡萄蒸馏酒或食用酒精，所含酒度为15.0%vol～22.0%vol的葡萄酒。

⑥利口葡萄酒（Liqueur Wines）：在葡萄酒中，加入葡萄蒸馏酒、白兰地或食用酒精以及葡萄汁、浓缩葡萄汁、焦糖化葡萄汁、白砂糖而制成的，所含酒度为15.0%vol～ 22.0%vol的葡萄酒。

⑦加香葡萄酒（Aromatized Wines）：以葡萄酒为基酒，经浸泡芳香植物或加入芳香植物的提取物而制成的，具有浸泡植物或植物提取物特征的葡萄酒（芳香植物指根据相关规定可在食品加工中使用的具有芳香特征的植物）。

⑧脱醇葡萄酒（De-alcohol Wines）：采用葡萄或葡萄汁经全部或部分酒精发酵，生成酒度不低于7.0%vol的原酒，然后采用特种工艺降低酒度的葡萄酒。脱醇葡萄酒分为两种：低醇葡萄酒（Partly De-alcohol Wines），酒度为0.5%vol～7.0%vol的脱醇葡萄酒；无醇葡萄酒

（Non-alcohol Wines），酒度小于0.5%vol的脱醇葡萄酒。

⑨原生葡萄酒（Wines of Chinese Native Vine）：采用中国原生葡萄种，包括野生或人工种植的山葡萄、毛葡萄、刺葡萄、秋葡萄等中国起源的种及其杂交品种的葡萄或葡萄汁经过全部或部分酒精发酵酿制而成的葡萄酒。

三、葡萄酒的品鉴

（一）看

摇晃酒杯，观察其缓缓流下的酒脚，再将杯子倾斜45°，观察酒的颜色及液面边缘（以在自然光线的状态下最理想），这个步骤可判断出酒的成熟度。

一般而言，白葡萄酒年轻时是无色的，但随着陈年时间的增长，颜色会逐渐由浅黄并略带绿色反光到成熟的麦秆色、金黄色，最后变成金铜色。若变成金铜色时，则表示已经太老不适合饮用了。

红葡萄酒则相反，它的颜色会随着时间而逐渐变淡，年轻时是深红带紫，然后会渐渐转为正红或樱桃红，再转为红色偏橙红或砖红色，最后呈红褐色。

（二）闻

将酒摇晃过后，再将鼻子深深置入杯中深吸至少2秒，重复此动作可分辨多种气味，尽可能从三方面来分析酒的香味。

①强度：弱、适中、明显、强、特强。

②质地：简单、复杂、愉悦、反感。

③特征：果味、植物味、矿物味、香料味。

闻的具体操作分为以下两个步骤。

第一步：在杯中的酒面静止状态下，把鼻子探到杯内，闻到的香气比较优雅清淡，是葡萄酒中扩散最强的那一部分香气。

第二步：手捏玻璃杯柱，不停地顺时针摇晃品酒杯，使葡萄酒在杯里做圆周旋转，酒液挂在玻璃杯壁上。这时，葡萄酒中的芳香物质，大都能挥发出来。停止摇晃后，第二次闻香，这时闻到的香气更饱满、更充沛、更浓郁，能够比较真实、准确地反映葡萄酒的内在质量。

（三）尝

小酌一口，并以半漱口的方式，让酒在嘴中充分与空气混合且接触到口中的所有部位；当捕捉到红葡萄酒的迷人香气时，酒液在口腔中是如珍珠般的圆滑紧密，如丝绸般的滑润缠绵。此时可归纳、分析出单宁、甜度、酸度、圆润度、成熟度。也可以将酒吞下，以感受酒的质感及余韵。

（四）吐

鉴赏过程的最后一步是吐。当酒液在口腔中充分与味蕾接触，舌头感觉到它的酸、甜、苦味后，再将酒液吐出，此时要感受的就是酒在口腔中的余香和舌根余味。余香绵长、丰富，余味悠长，就说明这是一款不错的红葡萄酒。

知识链接 ▶ 如何鉴别葡萄酒的真伪

看外观：看酒瓶标签印刷是否清楚，是否仿冒翻印；酒瓶的封盖是否有异样，有没有被打开过的痕迹。

看标签：葡萄酒的标签一共有三种，分别是酒帽、正标、背标。正标和酒帽上的信息要清晰无误，没有阴影或者印花的情况。背标则比较特殊，按国家规定，外国红酒产品进入中国后均要张贴中文背标，如不张贴中文背标，便无法在市面销售。背标的内容要显示准确，一般标有：配料、葡萄品种、类型、酒度、生产商、灌装日期、进口商等信息。如果上述信息有部分未标明，或者直接没有背标，那就要考虑一下这款酒的可信度了。除非是特殊情况，像是拉菲、罗曼尼康帝这些酒一般也都没有中文背标。中文背标在此处分为两种情况：①只有中文背标；②同时具有中文背标和外文背标。这两种情况均为正常情况，都是正确的。

看条形码：酒瓶背面标签上带有国际条形码，条形码的开头标志着其产地，目前经常使用的条形码开头：69为中国；3为法国；80～83为意大利；84为西班牙。

验标识：酒塞在开瓶后不要扔掉，拿酒塞与酒标上的标志对一下，进口酒的酒塞上一般是印有与酒庄正标相同的字母。在法国，酒瓶与酒塞都是专用的。

四、葡萄酒的储存与服务

（一）葡萄酒的储存

若想将葡萄酒（木塞瓶装）长期储存，最好能做到平放、恒温、恒湿、通风、避光、避震。

1. 平放

葡萄酒平放让软木塞和葡萄酒接触保持湿润度，否则若将酒直放，时间太久，会使软木塞变得干燥易碎，而无法完全紧闭瓶口，造成葡萄酒的氧化。

2. 恒温

葡萄酒储藏环境的温度维持在12～15℃，若温度变化太大，不仅破坏葡萄酒的酒体，在热胀冷缩的作用下，还会影响到软木塞而造成渗酒的现象。所以，若储酒环境能够维持在5～20℃的某一温度下，保持±2℃的变化是比较理想的。然而在夏天高温的时候，没有任何辅助条件（恒温柜、地窖等）的情况下，应让葡萄酒的储存恒定在一个温度上，如26℃，保持±2℃的变化内，这样也能保证几个月内葡萄酒的品质没有太大的影响。

3. 恒湿

若储酒环境太湿，容易造成软木塞及酒标的腐烂，太干则容易使软木塞失去弹性，无法封紧瓶口，所以70%左右的湿度，是最佳的储酒环境。

4. 通风

葡萄酒像海绵一样，会将周围的味道吸到瓶里去，所以，在储酒环境中，最好能保持通风状态。而且不要在同一个环境中摆放味道太重的东西，以免破坏酒的味道。

5. 避光

储酒的环境，最好不要有光线，否则容易使酒变质，特别是日光灯容易让酒产生还原变化，而发出浓重难闻的味道。

6. 避震

震动对于葡萄酒的影响是难以捉摸的，细微的震动可忽略不计，剧烈的震动则会让葡萄酒陷入休克状态，葡萄酒内部的分子结构遭到破坏，加速酒的成熟，易导致酒老化，使酒的口感呆板，杂乱无章。有过较强震荡的葡萄酒经过一段时间的静置，一般可恢复之前的口感。通常情况下，经长途运输的葡萄酒须经过两天以上的静置才能恢复正常品质。

（二）葡萄酒侍酒服务

1. 葡萄酒侍酒基本原则

（1）酒质较轻的葡萄酒应比酒质较重的葡萄酒先敬上来供客人用。

（2）干葡萄酒先上，甜葡萄酒后上。

（3）酒龄较短的葡萄酒先于酒龄较长的葡萄酒。

（4）如果不想更换葡萄酒的品种，那么就应该变化葡萄酒的年份；同一品种的酒，按不同的年份划分先后敬酒的次序。

（5）保持瓶装葡萄酒的澄清度，酒店用酒必须澄清透明、没有浑浊和沉淀。如有沉淀，必须先除去沉淀物，然后再按以上所述程序送上餐桌。

（6）从酒窖中取出酒瓶，进入餐厅以及打开瓶塞等过程中，应该避免使酒瓶发生任何震荡。在倒出葡萄酒时应避免酒液洒出。

2. 葡萄酒侍酒操作程序

（1）酒单呈递　葡萄酒酒单（Wines List）会详细列出葡萄酒产地、酒庄、等级、年份及价格等，有些也会将葡萄酒的特色、食物搭配建议等也列在酒单上，将酒单呈送给主人或主人指定的其他人。

（2）酒瓶展示　侍酒师会将葡萄酒瓶放置在口布上，左手握住瓶身下方，右手握住瓶颈，将酒标朝上，保证客人能清楚地阅读酒标。

（3）客人验酒　开葡萄酒前需经过客人验酒后，才能开始开启葡萄酒，需要确认的内容包括产地、酒庄、年份和温度等，只有等客人确认后才可以准备开瓶。

（4）开瓶醒酒　白葡萄酒要在冰桶内进行开酒，红葡萄酒可在客人的餐桌上或餐厅推车上进行。将开瓶器在软木塞中心点位置插入，并以拇指导引方向，开瓶器从中心点徐徐地旋转进入，尽可能使开瓶器深入软木塞，但是也要避免穿透。拔出软木塞时，应保持朝正上方的方向拔除，切勿往前上方或其他方向拔除，以避免木塞断裂。软木塞拔除后要用清洁的口布小心地擦拭瓶口，尽量避免木屑掉入瓶内。

开瓶后非常重要的一点就是醒酒，即将瓶中的葡萄酒倒入另一个容器中，主要有两种类型：①老酒换新瓶，这样可以将沉淀物质去除，饮用时是否需要使用醒酒器视具体情况而定，因为有些老酒同空气大面积接触后会迅速氧化，香气会马上散去；②年轻的葡萄酒在醒酒器中通过与空气大面积的接触来加速将其香气展现出来，另外也可以起到软化单宁的作用。

3. 葡萄酒侍酒常识

（1）上酒的顺序　先白而后红、先淡而后浓重、先不甜而后甜、先年轻的酒而后陈年的酒，是一般的上酒顺序。若等级差别太大，可考虑先上普通的酒款而后再上精彩的酒款。总之，要避免排在后面的酒被前一款酒的味道所干扰。

按香槟、白葡萄酒、红葡萄酒、甜或半甜葡萄酒（如果有大分量的甜品搭配的话）、烈性葡萄酒（雪莉酒、波特酒或干邑）的次序，基本上是不会错的。

另外是同类葡萄酒的上酒顺序，应该从清淡到浓郁，从轻酒体到重酒体，从简单到复杂，从干型到甜型，从年轻到成熟。

（2）选杯　起泡酒用香槟杯，赤霞珠混酿用波尔多杯，黑皮诺用勃艮第杯，干白用霞多丽杯。

（3）酒具使用　在酒具使用前，要对灯光看一看，是否干净；再闻一闻，是否有异味；倾角传感器由于很难清洁，所以要慎重使用。

（4）斟酒　斟酒只要倒至酒杯的1/4～1/3即可，以免摇杯时溢出。起泡酒因为酒香随气泡散发，不需要摇杯，可以直接倒至七分至八分满，以方便观察气泡。

知识巩固

1. 葡萄酒的品鉴步骤是________、________、________、________。
2. （判断题）葡萄酒一般的上酒顺序是先白而后红、先淡而后浓重、先不甜而后甜、先年轻的酒而后陈年的酒。（　　）
3. （判断题）葡萄酒的存储应该竖放，保持软木塞的干燥。（　　）

任务2
啤酒服务

一、啤酒的起源与发展

啤酒是人类最古老的酒精饮料，是水和茶之后世界上消耗量排名第三的饮料。啤酒是以大麦芽、酒花、水为主要原料，经酵母发酵作用酿制而成的饱含二氧化碳的低酒度酒。国际上的啤酒大部分添加辅助原料，有的国家规定辅助原料的用量总计不超过麦芽用量的50%。在德国，除出口啤酒外，德国国内销售啤酒一概不使用辅助原料。

巴黎卢浮宫博物馆内的“蓝色纪念碑”上，记录了公元前3世纪巴比伦的苏美尔人以啤酒祭祀女神的情形。苏美尔人也是啤酒的发明者。公元前6000年前，居住在美索不达米亚地区的苏美尔人，用大麦芽酿制成了原始的啤酒，不过那时的啤酒并没有丰富的泡沫。大约在公元前3000年前，波斯一带的闪米人学会了制作啤酒，而且他们还把制作啤酒的方法刻在板上，献给农耕女神。公元前2225年，啤酒在古巴比伦人中得到了普及，他们用啤酒来招待客人。那时候古埃及人和古巴比伦人注意到了啤酒的药用价值，纷纷用啤酒制作药物。希腊人也非常热爱喝啤酒，他们从埃及人那里学会了酿制啤酒的方法。

公元1世纪，爱尔兰人自行酿制出了一种跟现代的淡色啤酒相仿的啤酒。公元4世纪时，啤酒传遍了整个北欧，种类开始变得丰富，其中英国人用蜂蜜和水混合酿制而成的蜂蜜酒是比较有名的一种。英国出现的一种黑啤酒也非常有名，与现代的黑啤酒已经很相似。1516年，巴伐利亚公国大公威廉四世颁布《德国啤酒纯酒法》，规定啤酒只可以用啤酒花、麦子、酵母和水做原料，同时也是最早的食品法律。19世纪，冷冻机被发明，人们开始对啤酒进行低温后熟的处理，这一发明使得啤酒产生了泡沫。1900年，俄罗斯技师首次在中国哈尔滨建立了啤酒作坊，中国人开始喝上了啤酒。1903年，英国人和德国人又在中国建了英德啤酒厂，这就是青岛啤酒厂的前身。

二、啤酒的定义与分类

（一）啤酒的定义

啤酒是以麦芽、水为主要原料，加啤酒花（包括啤酒花制品），经酵母发酵酿制而成的、含有二氧化碳并可形成泡沫的发酵酒。啤酒包括无醇啤酒。

啤酒的度数与其他酒类的度数含义有所差别，例如白酒的度数就是指酒精含量，而啤酒的度数实际上指的是麦汁浓度，即12°的啤酒是用含糖量为12°的麦芽汁酿造成的啤酒。成品啤酒的含糖量在1.5%～2.5%。而啤酒的酒精含量多数在3.5%vol～4%vol。德国啤酒中酒精浓度则较高，在5%vol～9%vol。

（二）啤酒的分类

1．按浊度分

（1）清亮啤酒（Limpid Beer）　浊度小于或等于2EBC（European Brewery Convention，欧洲啤酒协会制定的啤酒色度标准单位，以下简称EBC）的啤酒。

（2）浑浊啤酒（Turbid Beer）　浊度大于2EBC的啤酒。

2．按杀菌工艺分

（1）熟啤酒（Pasteurized Beer）　经过巴氏灭菌或瞬时高温灭菌的啤酒。可防止酵母继续发酵和受微生物的影响，酒龄长，稳定性强，适于远销，酒液颜色变深。常温下储存保质期可以达到一年左右。

（2）生啤酒（Non-pasteurized Beer）　不经过巴氏灭菌或瞬时高温灭菌，达到一定生物稳定性的啤酒，包括鲜啤酒。口味鲜美，保存了部分营养酵母菌，但酒龄短（低温下可保存3天左右，0～5℃冷藏可保存一个月左右），只适于当地销售。

（3）纯生啤酒　纯种发酵，生产不经高温杀菌，采用膜过滤技术滤除酵母菌、杂菌，使啤酒避免了热损伤，保持了原有的新鲜口味。最后进行无菌灌装。

3．按酵母类型分

（1）上面发酵啤酒（Top Fermentation Beer）　如艾尔啤酒（Ale Beer），使用上面啤酒酵母发酵的啤酒。酵母在桶顶部发酵，温度略高，发酵时间短，约占啤酒种类80%以上。

（2）下面发酵啤酒（Bottom Fermentation Beer）　如拉格啤酒（Lager Beer），使用下面啤酒酵母发酵的啤酒。酵母在桶底部发酵，温度略低，发酵时间长，约占啤酒种类15%。来自德语，意思是窖藏。产量占到世界啤酒90%多，喜力、百威、嘉士伯都是这种。

（3）混合发酵啤酒（Mixed Fermentation Beer）　在酿造过程中，使用一种以上微生物混合发酵生产的啤酒。

4．按色度分

（1）淡色啤酒（Light Beer）　色度在2EBC～14EBC的啤酒。看上去是淡黄色至金黄色。

（2）浓色啤酒（Strong Beer）　色度在15EBC～60EBC的啤酒。看上去是棕黄色。

（3）黑啤酒（Black Beer） 色度大于或等于61EBC的啤酒。看上去是深棕色至黑色。

5. 按麦汁浓度分

（1）低浓度啤酒 原麦汁浓度为7%～8%，酒精含量在2%vol左右。

（2）中浓度啤酒 原麦汁浓度为11%～12%，酒精含量在3.1%vol～3.8%vol，是中国各大型工业啤酒主要产品。

（3）高浓度啤酒 原麦汁浓度为14%～20%，酒精含量在4.9%vol～5.6%vol，比如精酿啤酒。

6. 按产品特性分

特种啤酒（Special Beer）是指由于原辅材料、工艺的改变（或多种微生物使用），使之具有特殊风格的啤酒。包括以下几种类型。

①干啤酒（Dry Beer）：口味干爽的啤酒。干啤酒的真正（实际）发酵度不低于72%。

②冰啤酒（Ice Beer）：经冰晶化工艺处理的啤酒。冰啤酒的浊度小于或等于0.8EBC。

③白啤酒（White Beer）：使用小麦芽和/或小麦作为原料之一，经上面啤酒酵母发酵的具有丁香、酯香等风味的浑浊啤酒。

④司陶特（世涛）啤酒（Stout Beer）：使用烘烤麦芽或烘烤大麦作原料之一，经上面啤酒酵母发酵的酒度较高的深色啤酒。其酒度不低于4%vol，苦味值不低于20BU（Bitterness Unit，苦味单位，以下简称BU），色度在40EBC～150EBC。

⑤皮尔森（比尔森）啤酒（Pilsner Beer）：使用下面啤酒酵母发酵，具有特殊风味的啤酒。其酒度不低于4%vol，苦味值不低于20BU，色度在4EBC～20EBC。

⑥酸啤酒（Sour Beer）：通常经乳酸菌发酵或自然发酵等酸化工艺处理的酸感明显的啤酒。pH值不高于3.8。

⑦低醇啤酒（Low-alcohol Beer）：酒度大于0.5%vol，小于2.5%vol的啤酒。

⑧无醇啤酒（Non-alcohol Beer）：酒度小于或等于0.5%vol的啤酒。

⑨小麦啤酒（Wheat Beer）：添加一定量的小麦芽和/或小麦酿制的啤酒。小麦芽和小麦占麦芽量不小于30%。

⑩果蔬汁型啤酒（Fruit and Vegetable Beer）：添加一定量的果蔬汁，具有其特征性理化指标和风味，并保持啤酒基本口味的啤酒。

⑪果蔬味型啤酒（Fruit and Vegetable Flavor Beer）：在保持啤酒基本口味的基础上，添加少量食用香精，具有相应的果蔬风味的啤酒。

⑫工坊啤酒（Craft Beer）：由小型啤酒生产线生产，且在酿造过程中，不添加与调整啤酒风味无关的物质，风味特点突出的啤酒。

知识链接 ▶ 青岛啤酒博物馆

青岛啤酒博物馆，位于青岛市市北区登州路56号，1903年建设的青岛啤酒厂里。博物馆集青岛啤酒的发展历程、深厚的文化底蕴、先进的工艺流程、品酒娱乐、购物于一体，是国内首家啤酒博物馆。博物馆的建成，为国内外游客走近青岛啤酒、了解青岛啤酒，提供了一个独具魅力的平台。

青岛啤酒博物馆是世界五大啤酒文化展馆之一，也是一座世界一流、中国首家的啤酒博物馆，于2003年8月15日正式对外开放。青岛啤酒博物馆展出面积6000多平方米，分为百年历史文化、酿造工艺发展、体验啤酒魅力三个展区。

青岛啤酒以清亮透明、口味香醇爽口而享誉中外。1963年、1979年青岛牌啤酒两次被评为国家名酒；1980年、1985年两次荣获国家金质奖章；1981年、1985年两次在美国国际啤酒评比会上荣获冠军奖，1987年在美国密西西比州的国际啤酒评比会上第三次夺魁。

2004年，青岛啤酒博物馆被评为国内首家工业旅游示范点；2006年，被评为国家4A级旅游景点；2006年，作为近现代建筑之一被列为全国重点文物保护单位；2007年，成为青岛市旅游景点行业首批服务名牌。

三、啤酒的酿造

（一）酿造啤酒的原料

1. 大麦、小麦等谷物淀粉

适于啤酒酿造用的大麦为二棱大麦或六棱大麦。二棱大麦的浸出率高，溶解度较好，六棱大麦的农业单产较高，活力强，但浸出率较低，麦芽溶解度不太稳定。啤酒用大麦的品质要求为：壳皮成分少，淀粉含量高，蛋白质含量适中（9%～12%），淡黄色，有光泽，水分含量低于13%，发芽率在95%以上。

德国的白啤酒以小麦芽为主原料，比利时的兰比克啤酒是用大麦芽配以小麦为辅料酿造具有地方特色的上面发酵啤酒。小麦品种有硬质小麦和软质小麦，啤酒工业宜采用软质小麦。

玉米淀粉的性质与大麦淀粉大致相同。但玉米胚芽含油质较多，影响啤酒的泡持性和风味。除去胚芽，就能除去大部分的玉米油。脱胚玉米的脂肪含量不应超过1%。以玉米为辅助原料酿造的啤酒，口味醇厚。玉米为国际上用量最多的辅助原料。

大米淀粉含量高，浸出率也高，含油质较少。但大米淀粉的糊化温度比玉米高。以大米为辅助原料酿造的啤酒色泽浅，口味清爽。大米是中国啤酒厂商用量最多的辅助原料，主要目的是降低成本。

2. 酿造用水

通常，软水适于酿造淡色啤酒，碳酸盐含量高的硬水适于酿造浓色啤酒。

淡色啤酒用水要求为：无色，无臭，透明，无浮游物，味纯正，无生物污染，硬度低，铁、锰含量低（含量高对啤酒的色、味有害，而且能引起喷涌现象），不含亚硝酸盐。

3. 酒花

酒花又称啤酒花。使啤酒具有独特的苦味和香气并有防腐和澄清麦芽汁的能力。酒花始用于德国，学名为蛇麻，为大麻科葎草属多年生蔓性草本植物，中国人工栽培酒花的历史已有半个世纪，始于东北，在新疆、甘肃、内蒙古、黑龙江、辽宁等地都建立了较大的酒花原料基地。成熟的新鲜酒花经燥压榨，以整酒花使用，或粉碎压制颗粒后密封包装，也可制成酒花浸膏，然后在低温仓库中保存。其有效成分为酒花树脂和酒花油。每千升（Kiloliter，Kl）啤酒的酒花用量为1.4～2.4千克。

4. 酵母

酵母是用来进行啤酒发酵的微生物。啤酒酵母又分上面发酵酵母和下面发酵酵母。啤酒工厂为了确保酵母的纯度，进行以单细胞培养法为起点的纯粹培养。为了避免野生酵母和细菌的污染，必须严格要求啤酒工厂的清洗灭菌工作。

（二）啤酒的酿造过程

啤酒的酿造过程大致可以分为制麦、糖化、发酵、包装四个工序。

1. 制麦

制麦就是麦芽的制备，简单来说就是使大麦发芽，产生各种水解酶类。

2. 糖化

糖化主要是将麦芽、大米、玉米等原辅料粉碎糊化、糖化，将原料中酵母不能利用的淀粉，变为酵母可以利用的糖。然后加入啤酒花煮沸、沉淀，变为发酵用的麦芽汁。

3. 发酵

发酵就是将麦芽汁加入啤酒酵母发酵，将麦芽汁中的糖变为酒精和二氧化碳，大约一周后发酵为“嫩啤酒”，这种啤酒不能喝，味道很苦很冲，再经过7～21天的后发酵使其成熟，通过过滤把沉淀物和酵母除去，啤酒就做好了。

4. 包装

最后是装瓶。为了便于储存，有的啤酒会进行热杀菌，这就是熟啤酒；有些为了保持啤酒的风味，选择不进行热杀菌，这些就是生啤酒或鲜啤酒。

四、啤酒名品

（一）百威（Budweiser）

百威是世界知名的啤酒品牌（图3-1），1876年诞生于美国，创始人是阿道普斯·布希（Adolphus Busch），1995年进入中国市场。百威啤酒以其独特的口感、稳定的品质，再加上百威品牌130多年的悠久历史，构筑了百威的王者形象。其以纯正的口感、过硬的质量赢得了全世界消费者的青睐，成为世界比较畅销的啤酒，长久以来被誉为“啤酒之王”。百威啤酒不断追求完美品质，始终不计成本地选用比较优质的全天然原料，包括美国进口的上等啤酒花、新鲜大米、天然大麦麦芽以及优质深井活水，更配合独一无二的山毛榉木陈酿工艺，确保每一瓶、每一罐、每一桶的百威啤酒都拥有始终如一的清澈、清醇、清爽的口感。

图3-1　百威

（二）喜力（HeineKen）

喜力于1864年由杰拉德·阿德里安·海尼根在阿姆斯特丹创立（图3-2），专注于酿制高品质的啤酒。喜力是一种主要以蛇麻子为原料酿制而成的啤酒，是享誉国际的啤酒品牌，其在华业务于2019年加入华润啤酒旗下。喜力啤酒因形象年轻化、国际化的特点，成为酒吧和各娱乐场所广受欢迎的饮品。

图3-2　喜力

1886年，喜力研制出独特的一个酵母（“A”的酵母），并由喜力采用，是喜力啤酒品质超卓的秘诀。一个酵母能令啤酒更精纯细滑，并同时带出独有的口味。全凭喜力家族的努力，由一个阿姆斯特丹的小本土品牌，发展成享誉国际的啤酒品牌，备受全球多个国家的顾客所拥戴。

（三）嘉士伯（Carlsberg）

嘉士伯于1847年在丹麦创立，是世界知名的国际啤酒品牌（图3-3），与中国结缘已近150年。1876年，清朝光绪年间，第一瓶嘉士伯啤酒就出口到了中国。嘉士伯于1978年正式进入中国，旗下拥有嘉士伯、乐堡、凯旋1664、格林堡、布鲁克林等国际品牌，以及重庆、山城、乌苏、西夏、大理、风花雪月、天目湖等国内知名啤酒品牌。

图3-3 嘉士伯

（四）科罗娜（Corona）

科罗娜啤酒来自神秘的拉美大陆（图3-4），100%由天然原料精心酿制。精湛的工艺加上古老土地所孕育的优质的大麦、芳香的酒花和纯净的清泉，造就出了深受全世界喜爱的科罗娜特级啤酒。科罗娜曲线优美的独特透明包装瓶，体现着时尚和浪漫；独创的瓶口插柠檬的饮法，又使其至尊品质糅进激情与幻想。

图3-4 科罗娜

（五）福佳（Hoegaarden）

福佳是比利时白啤酒的代表（图3-5），以专门制作传统风味的比利时白啤酒而闻名。其独特的酿造工艺和香料调味，使得福佳白啤酒在全球享有盛誉。无论是搭配海鲜还是烤肉，福佳白啤酒总能带来一种清新而独特的口感体验。而福佳酒厂的历史和传承，也使得每一瓶啤酒都充满了故事和韵味。

图3-5 福佳

（六）青岛啤酒

青岛啤酒始于1903年（图3-6），是中国历史悠久的啤酒制造厂商，啤酒十大品牌之一，产品涵盖经典1903、纯生、奥古特、鸿运当头、白啤、皮尔森、黑啤、百年之旅、琥珀拉格等。前身是1903年8月由德国商人和英国商人合资在青岛创建的日耳曼啤酒公司青岛股份公司。

图3-6 青岛啤酒

五、啤酒的品鉴

（一）看

（1）看酒体色泽　普通浅色啤酒应该是淡黄色或金黄色，黑啤酒为红棕色或淡褐色。

（2）看透明度　酒液应清亮透明，无悬浮物或沉淀物。

（3）看泡沫　啤酒注入无油腻的玻璃杯中时，泡沫应迅速升起，泡沫高度应占杯子的三分之一，当啤酒温度在8～15℃时，5分钟内泡沫不应消失；同时泡沫还应细腻、洁白，散落杯壁后仍然留有泡沫的痕迹（挂杯）。

（二）闻

闻香气，在酒杯上方，用鼻子轻轻吸气，应有明显的酒花香气，新鲜、无老化气味及生酒花气味，黑啤酒还应有焦麦芽的香气。

（三）尝

品尝味道，入口纯正，没有酵母味或其他怪味、杂味；口感清爽、协调、柔和，苦味愉快而消失迅速，无明显的涩味，有二氧化碳的刺激，使人感到“煞口”。

六、啤酒的储存与服务

（一）啤酒的储存

（1）搬运啤酒时，应轻拿轻放，不得扔摔，应避免撞击和挤压。

（2）啤酒不得与有毒、有害、有腐蚀性、易挥发或有异味的物品混装、混储、混运。

（3）啤酒宜在5～25℃下运输和储存；低于或高于此温度范围，采取相应的防冻或防热措施。

（4）啤酒应储存于阴凉、干燥、通风的库房中；不得露天堆放，严防日晒、雨淋；不得与潮湿地面直接接触。

（二）啤酒侍酒服务

1．啤酒推销及建议

（1）熟练掌握各种啤酒知识，在客人订啤酒时，介绍本餐厅提供的中外啤酒与特点，以及询问客人是否需要冰镇或常温啤酒。

（2）客人订完啤酒后，需立即到吧台取酒，不准超过5分钟。

（3）准备一块叠成12厘米见方的洁净口布。

2．啤酒的展示

左手掌心放置叠成12厘米见方的口布，将啤酒瓶底放在口布上，右手扶住酒瓶上端，并呈45°倾斜，酒瓶上的商标须朝向主人，为主人展示所点的啤酒。

3．啤酒侍酒操作程序

（1）用托盘拿回啤酒，并依据先宾后主、女士优先的原则，为客人服务啤酒。

（2）提供啤酒服务时，服务员须站在客人右侧，左手托托盘，右手拿起客人所订的啤酒，从客人的右侧，将啤酒轻轻倒入饮料杯中，须使啤酒沿杯壁慢慢流入杯中，以减少酒沫，不准将啤酒溢出杯外。

（3）倒酒时，酒瓶商标须面对客人，瓶口不准粘贴杯口，以免有碍卫生及发出声响。

（4）如瓶中啤酒未倒完，须把酒瓶商标面向客人，摆放在饮料杯右侧，间距2厘米。

4．啤酒的添加

（1）随时为客人添加啤酒。

（2）当客人杯中啤酒仅剩1/3时，服务员须主动询问客人是否再需要添加；如客人不再加酒，须及时将倒空的酒瓶撤下台面。

（3）如主人同意添加，服务程序与标准同上。

5. 啤酒侍酒服务注意事项

（1）倒瓶装啤酒时，要慢慢倒入杯中，或者将杯子稍微倾斜，让酒沿着杯壁流下，这样就会防止冒出很多泡沫。

（2）盛啤酒的杯子必须干干净净，否则就不会起泡。有一些进口啤酒也许会有杂质沉在底部，因而倒酒时不要将酒完全倒完。

知识巩固

1. 啤酒的酿造原料除谷物淀粉外还有________、________、________。
2. 啤酒因为营养丰富被称为“________”。
3. 啤酒的度数实际上指的是________。
4. 请简述啤酒的服务流程。

任务3 黄酒服务

一、黄酒的起源与发展

黄酒是世界上最古老的酒类之一，起源于中国且唯有中国拥有。黄酒起源于春秋时期（公元前770年—公元前476年），在魏晋南北朝时，官场纵酒佯狂，酿酒和饮酒之风盛起，黄酒才开始得到真正的发展。到了唐朝，各地经济繁荣，人民安居乐业，黄酒的需求量不断增大。宋朝把酒作为财政的重要收入，在政府的鼓励和提倡下，黄酒产业开始飞快发展。元朝时，黄酒的种类开始不断增加，产业得到进一步发展。到了清朝，大规模的黄酒酿酒厂开始出现，黄酒开始了规模化、集约化的发展。自从明末清初开始，黄酒的声名远播中外，多次获得国际大奖。

二、黄酒的定义与分类

（一）黄酒的定义

黄酒是以稻米、黍米、小米、玉米、小麦、水等为主要原料，经加曲和/或部分酶制剂、酵母等糖化发酵剂酿制而成的发酵酒。

黄酒含有丰富的营养，人体不能合成的8种必需氨基酸黄酒都具备，因而被评为“液体蛋糕”。

（二）黄酒的分类

1. 按产品风格分类

（1）传统型黄酒　以稻米、黍米、玉米、小米、小麦、水等为主要原料，经蒸煮，加入酒曲、糖化、发酵、压榨、过滤、煎酒（除菌）、储存、勾调而成的黄酒。

（2）清爽型黄酒　以稻米、黍米、玉米、小米、小麦、水等为主要原料，经蒸煮，加入酒曲和/或部分酶制剂、酵母为糖化发酵剂，经糖化、发酵、压榨、过滤、煎酒（除菌）、储存、勾调而成的、口味清爽的黄酒。

（3）特型黄酒　由于原辅料和/或工艺有所改变，具有特殊风味且不改变黄酒风格的酒。

（4）红曲酒　以稻米和/或其他淀粉质原料、水为主要原料，以红曲为主要糖化发酵剂酿制而成的发酵酒。

2. 按含糖量分类

（1）干黄酒　总糖含量（以葡萄糖计）小于或等于15克每升的黄酒。

（2）半干黄酒　总糖含量（以葡萄糖计）在15.1～40克每升的黄酒。

（3）半甜黄酒　总糖含量（以葡萄糖计）在40.1～100克每升的黄酒。

（4）甜黄酒　总糖含量（以葡萄糖计）大于100克每升的黄酒。

3. 按原料分类

（1）稻米黄酒　以稻米为主要原料酿制而成的黄酒。

（2）非稻米黄酒　以除稻米外其他粮谷类为主要原料酿制而成的黄酒。

黄酒的分类如图3-7所示。

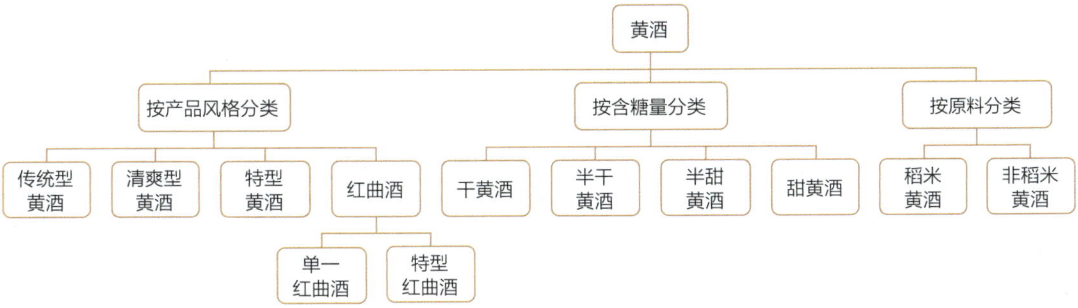

图3-7　黄酒分类框架图

知识链接 ▶ 中国黄酒三大派系

一是以绍兴黄酒为代表的江浙流派，二是以襄阳黄酒、孝感米酒为代表的湖北流派，三是以客家米酒为代表的客家流派。

一、绍兴黄酒

绍兴黄酒，又称绍兴酒、绍兴老酒，是绍兴的著名特产，生产历史非常悠久。据文献记载，春秋战国时期绍兴酿酒业已很普遍。《吕氏春秋》载有越王勾践“投醪劳师”的故事，至今城内尚有“投醪河”遗址。到南北朝时，绍兴黄酒已成为贡品。

绍兴黄酒是用上等精白糯米作为主要原料，优质黄皮小麦作为酒曲酿制的，而得天独厚的鉴湖水是形成绍兴黄酒特色的关键所在。在全国众多的酒类中，绍兴黄酒是获奖次数最多的品种之一。绍兴黄酒以其色泽橙黄、清澈透明、香气浓郁、口感醇厚而闻名，是中国黄酒的杰出代表。

二、襄阳黄酒

襄阳黄酒历史可追溯到6000多年前，在襄阳城外八十公里（枣阳鹿头镇北）的雕龙碑新石器时代原始氏族公社聚落遗址出土的盛酒陶器和谷壳是原始酿酒技术的印记。襄阳黄酒是一种低度数地方风味发酵酒，其使用原料是糯米，又继承了古老传统的制作方法，酒精浓度介于白酒与啤酒之间，营养价值优于啤酒和果酒。

襄阳黄酒有三绝：襄阳应时黄酒、地封黄酒、丹河稠酒，这三种黄酒做法、工艺、口感各不相同，独具特色，所以有“三绝”美誉。其中，襄阳应时黄酒俗称“鲜酒”（古人也称“浊酒”），注重新鲜和即时饮用，一两天内喝完为最佳，其多为乳白色，香气好，味微酸甜，略带酒味。头道洑窝黄酒特别浓郁，酒劲也稍大，一般人喝上一碗，会不胜酒力。经过加浆稀释后的黄酒，一般只有2°～3°，入口香醇绵柔，畅饮一大碗，酒不醉人，人却微醺。而另一种陈酿襄阳地封黄酒类似绍兴酒，又称“见风倒”，酒液黄亮，色泽橙黄或呈琥珀色，清澈透明，适合长时间保存和慢慢品味。

三、客家黄酒

客家黄酒是广东省江门市鹤山市县级非物质文化遗产之一，是客家饮食文化的重要组成部分，也是客家人逢年过节的常备佳品，因酿酒和食物都与客家妇女紧密联系，故又称为“娘酒”。客家黄酒以糯米和山泉水为主要原料，经传统工艺发酵而成，口感香甜嫩滑，酒质醇厚，回味悠长。

客家黄酒制作历史悠久，距21世纪初有700余年。客家黄酒可去除原料中的腥味、杂味，并起到增香、增味的作用，客家人炒菜、蒸鱼、炖肉都离不开黄酒，因而客家美食具有独特的风味。此外，黄酒一年四季可用于佐餐，能够提神、开胃、助消化。对于客家人来说，重要的便是黄酒的营养价值和滋补作用。客家黄酒历来都是成年男女秋冬进补的首选，更加是女人月子里调理身子必选的食品。每当客家人有媳妇生小孩，那么在坐月子的时候一定要吃“鸡酒”（黄酒煮鸡俗称鸡酒）。

三、黄酒的酿造

（一）酿造黄酒的主要原料

黄酒是用谷物作原料，用麦曲或小曲做糖化发酵剂制成的酿造酒。在历史上，黄酒的生产原料在北方以粟或者黍，在南方以稻米（尤其是糯米为最佳原料）为原料酿造黄酒。

（二）黄酒的酿造过程

浸米→蒸饭→晾饭→落缸发酵→开耙→坛发酵→煎酒→包装

四、黄酒的品鉴

（一）温饮黄酒

黄酒最传统的饮法是温饮。温饮的显著特点是酒香浓郁，酒味柔和。温酒的方法一般有两种：一种是将盛酒器放入热水中烫热；另一种是隔火加温。但黄酒加热时间不宜过久，黄酒的最佳品评温度是在38℃左右。在黄酒烫热的过程中，黄酒中含有的极微量对人体健康无益的甲醇、醛、醚类等有机化合物，会随着温度升高而挥发掉，同时，酯类芳香物则随着温度的升高而蒸腾。

（二）冰镇黄酒

在年轻人中盛行一种冰黄酒的喝法，尤其在我国香港和日本，流行黄酒加冰后饮用。自制冰镇黄酒，可以从超市买来黄酒后，放入冰箱冷藏室。如果是温控冰箱，温度控制在3℃左右为宜。饮时再在杯中放几块冰，口感更好。也可根据个人口味，在酒中放入话梅、柠檬等，或兑些雪碧、可乐、果汁。有消暑、促进食欲的功效。

（三）佐餐黄酒

黄酒的配餐也十分讲究，以不同的菜配不同的酒，则更可领略黄酒的特有风味，以绍兴黄酒为例：干型的元红酒，宜配蔬菜类、海蜇皮等冷盘；半干型的加饭酒，宜配肉类、大闸蟹；半甜型的善酿酒，宜配鸡鸭类；甜型的香雪酒，宜配甜菜类。

五、黄酒的储存与服务

（一）黄酒的储存

（1）储存地点最好在阴凉、干燥的地方。即温度应在4℃以上，15℃以下，变化平稳，干湿度合适的、通风良好的仓库。

（2）堆放平稳，不宜晃动。酒坛、酒箱堆放高度一般不得超过4层，每年夏天翻一次坛。

（3）包装容器以陶坛和泥头封口为最佳，这种古老的包装有利于黄酒的老熟，在储存后具有越陈越香的特点。

（4）不可用金属器皿储存黄酒。

（5）不宜与其他有异味的物品或酒水同库储存。

（6）黄酒经储存会出现沉淀现象，这是酒中的蛋白质凝聚所致，属于正常现象，不影响酒的质量。但应注意不要把细菌引起的酸败浑浊视为正常的沉淀，如果酒液发浑，酸味很浓，那是变质，已不可饮用。

（二）黄酒侍酒服务

1. 准备工作

（1）客人订黄酒后，去酒吧取黄酒，并准备与客人人数相符合的中式黄酒杯；准备暖座、底碟及黄酒壶，暖座内装三分之一开水。

（2）在暖座上横放一条叠好的口布。

2. 展示及加热

（1）用一块干净的口布垫着黄酒坛向客人展示，商标面对客人，然后告诉客人黄酒需要加热的时间，请客人等待。

（2）将黄酒打开，倒入黄酒壶内，再将黄酒壶放入盛有开水的暖座内加热2～3分钟即可，将黄酒杯放在客人的筷子的右上方。

3. 黄酒侍酒操作程序

（1）将暖座、底碟及黄酒壶拿到主人座位的右侧。

（2）当黄酒加热至38℃左右时，开始为客人倒酒。

（3）倒酒时，左手拿口布，右手从暖座中拿出黄酒壶，用口布将壶底部擦干净，按女士优先，先宾后主的原则依次从客人右侧为客人倒酒，倒入杯中八分满即可。

4．黄酒的添加

（1）随时为客人加酒、随时更换热水，以保持酒的温度。

（2）黄酒壶的酒倒完时，马上将黄酒坛中的酒倒入黄酒壶，继续加热，为了避免重要客人等待加热时间，可以准备一套备用加热的酒壶，随时为客人更换已经加热好的酒。

（3）当黄酒坛中的酒将要倒完时，询问主人是否再加酒，如主人同意加，服务程序与标准与上同。

（4）如主人不再加酒，服务员应观察客人，待其喝完酒后，将空杯撤掉。

5．黄酒侍酒服务注意事项

（1）开了封的黄酒不宜久存，可以换一个瓶盖紧的瓶子，放到阴凉干燥处或者冰箱保温层。

（2）不同季节推荐客人不同的饮法，夏天推荐加冰块饮用，冬天建议温热后饮用。

知识巩固

1. 中国黄酒三大流派有________________、________________、________________。
2. 黄酒因营养丰富，被评为“________________”。
3. 黄酒的最佳饮用温度是________________。
4. 请简述黄酒的分类。

任务4
清酒服务

一、清酒的起源与发展

据史书记载，古时候日本只有“浊酒”，没有清酒。后来有人在浊酒中加入石炭，使其沉淀，取其清澈的酒液饮用，于是便有了“清酒”之名。公元7世纪中叶之后，朝鲜古国百济与中国常有来往，成为中国文化传入日本的桥梁。因此，中国用“曲种”酿酒的技术就由百济人传播到日本，使日本的酿酒业得到了很大的进步和发展。到了公元14世纪，日本的酿酒技术已日臻成熟，人们用传统的清酒酿造法生产出质量上乘的产品。这就是闻名的“僧侣酒”，其中尤其是奈良地区所产的最负盛名。后来，“僧侣酒”渐渐荒废，酿酒中心转移到了以伊丹、神户、西宫为主的“摄泉十二乡”。明治后期开始，又从“摄泉十二乡”转移到以神户与西宫构成的“滩五乡”。“滩五乡”从明治后期至今一直保留着“日本第一酒乡”的地位。自19世纪后半叶的日本明治维新运动之后，日本清酒的质量逐渐下降，尤其是在第二次世界大战期间，日本酒商为牟取暴利往清酒中兑入大量的食用酒精以增加酿酒量，使清酒所具有的独特风味黯然失色。因此，日本老人称这种低劣的清酒为“乱世之酒”，赞誉原来纯正的日本清酒为“太平之酒”。由于清酒酿造业受到历史上“乱世”的影响，给日本消费者留下了不良的印象，加上新一代日本人崇尚饮用啤酒和烈性酒，所以清酒的销售量逐年下降。现如今，日本清酒的质量虽然已恢复其原来的水平，并且利用现代酿造技术和设备不断提高产品质量，但其产品仅占日本酒类市场销售量的15%。

二、清酒的定义与分类

（一）清酒的定义

清酒是在日本以大米、米曲和天然矿泉水为原料自然发酵而成的酿造酒。在日本又称之为日本酒（Nihonjiu）或是直称为酒（Sake），酒度通常在15°左右，酒色呈现淡淡的黄色，清新透亮，口感相对清新柔和，一些品类具有水果、花香等清新的香气，通常有甜口酒、辣口酒、浓醇酒、淡丽酒等不同口味，种类多样，口感丰富，是日本民众餐桌上的常客。

（二）清酒的分类

在清酒的分类中，按照精米步合分类的方式是划分日本酒等级的最主要方式。其中，大吟酿以其低精米步合、高酿造技艺和复杂风味而著称，是清酒中等级最高的酒，因为它在精米的过程中，去除掉最多不利于酿酒的脂肪及蛋白质，仅留下富含淀粉质的米心部分。

1．根据酿制的原料及精米程度的不同分类

（1）纯米系　酿造时不添加酒精，分为四个等级，按照等级从高到低，依次是纯米大吟酿酒（大吟酿）、纯米吟酿酒（吟酿）、特别纯米（纯米）、特别本酿造（本酿造）。

第一级：纯米大吟酿（大吟酿），精米度50%以下，口感平滑，顶级清酒。

第二级：纯米吟酿酒（吟酿），精米度60%以下，芳香清爽。

第三级：特别纯米（纯米），精米度60%～70%，丰厚醇和。

第四级：特别本酿造（本酿造），精米度60%～70%，清爽甜美。

（2）本酿造系　酿造时添加酒精，也分为四个等级，从高到低分别是大吟酿酒、吟酿酒、特别本酿造酒、本酿造酒。

第一级：大吟酿酒，精米步合在50%以下，是最高等级的清酒，口感平滑，具有优雅的香气和细腻的口感。

第二级：吟酿酒，精米步合最高为60%，酒香浓郁，带有果香味，口感清爽。

第三级：特别本酿造酒，精米步合在60%～70%，口感清爽甜美，适合搭配各种料理。

第四级：本酿造酒，精米步合在70%以上，酿造过程中会添加酿造用酒精，味道比较清淡，适合日常饮用。

2．按工艺分类

（1）生酒　一般没有经过加热杀菌，因而相对不稳定，保存时间较短。

（2）标准清酒　澄清透明，经过了加热杀菌，没有白色沉淀物，口感很稳定。

（3）浊酒　这是一种特殊的清酒，由于只经过粗过滤，因而有白色大米沉淀物存在于酒液中，口感较甜。

（4）气泡清酒　有天然气和后天气之分，可以理解为清酒里的起泡酒，通常打开之后不能保存，必须一次性全部喝掉。

3．按口味分类

（1）甜口酒　甜口酒为含糖分较多、酸度较低的酒。

（2）辣口酒　辣口酒为含糖分低、酸度较高的酒。

（3）浓醇酒　浓醇酒为含浸出物及糖分多、口味浓厚的酒。

（4）淡丽酒　淡丽酒为含浸出物及糖分少而爽口的酒。

（5）高酸味酒　高酸味酒是以酸度高、酸味大为其特征的酒。

（6）原酒　原酒是制成后不加水稀释的清酒。

（7）市售酒　市售酒指原酒加水稀释后装瓶出售的酒。

知识链接 ▶ 清酒四大美人

一、熏酒：香

特性：富有香气的酒款，杜氏旷日费时之作。

代表性酒款：纯米大吟酿、大吟酿、吟酿。

品饮温度：10～15℃。甜美的果香是薰酒的特征，味道从轻快到浓醇都有，一般在吟酿等级以上为多，饮用时温度都不宜太高，适合搭配清爽的和风料理。

二、熟酒：浓

特性：数年熟成，黄金色，价值高且稀有。

代表性酒款：古酒。

品饮温度：15～20℃。一般清酒酿好需要一个月甚至好几个月时间来熟成，使酒质温和，熟成超过一年的才可以算是熟酒，用时间带出酒的香郁甜味，有些甚至会带有花雕酒般的色泽与口感，适合搭配重口味的料理。

三、爽酒：顺

特性：清淡而单纯的味道，容易搭配任何料理。

代表性酒款：生酒、生储藏酒、生诘酒。

品饮温度：5～10℃、50℃。最清淡却单纯的味道，余韵简约，可以搭配任何料理的多元酒类，大部分带有爽酒特质的都是生酒、本酿造和普通酒，饮用温度适宜于5～10℃冷饮，入口爽快顺畅，很多清酒爱好者或是酒龄较浅的人都很能接受此类酒。

四、醇酒：甘

特性：日本酒的原点，具有米的香味。

代表性酒款：纯米酒、山废、生酛。

品饮温度：15～45℃。最能保有酒米风味的甘口味道，可以说是日本酒的原点，最具传统性，饮用温度不需太低，适合微冷或室温品尝，味道扎实醇厚，不容易被油分盐分高的菜色掩盖，所以除和式料理外，与使用牛油跟奶油的西式菜色也很对味。

三、清酒名品

从北海道到冲绳，得益于各地的米和水的特征以及丰富的自然环境，日本可以酿造出各种风味的日本酒，据说现在日本全国有1500多家酒窖，凭借酒窖独特的特色和杜氏的传统技术，不断生产出各种日本酒，在日本当下最受欢迎的清酒品牌有十四代、阳乃鸟等。

（一）十四代

十四代来自山形的高木酒造，代表近年来日本酒口味潮流的“芳醇适口”的酒，是一款能感受到米的香味和甜味、优雅的香气和舒适的富有余韵的酒。

（二）阳乃鸟

阳乃鸟来自秋田的新政酒造，贵酿酒在舌尖流转，让人联想到芒果的浓密甜味和菠萝般酸甜的酸味。

（三）信州龟龄

信州龟龄来自长野的冈绮酒造，创于1665年，作为信州街道酒窖的象征，长期以来深受当地人喜爱。

（四）金雀

金雀来自山口的堀江酒场，堀江酒场是在1764年创业的老牌酒窖，是一个将传统技法与最新技术相结合，挑战各种酒类的酿酒厂，酿造的酒有“清流锦川”“黑梅”和主品牌“金雀”。

（五）而今

而今来自三重的木屋正酒造，2004年推出的而今从东京和大阪的地酒专卖店开始获得了压倒性的支持，现在是日本全国酒业的热门品牌，其所有酿酒工序都会进行反复的精细设计和验证。

（六）编号6

编号6来自秋田的新政酒造，最大限度地发挥了生酒的魅力，保持“秋田县产米”“6号酵母”“生酿造纯米酒”的基本路线不变。

四、清酒的品鉴

（一）品鉴方法

（1）观其色　从外观来辨别清酒的好坏是常见方法，观察酒液的色泽与色调是否纯净透明，若是有杂质或颜色偏黄甚至呈褐色，则表示酒已经变质或是劣质酒。在日本品鉴清酒时，会用一种在杯底画着螺旋状线条的“蛇眼杯”来观察清酒的清澈度，算是一种比较专业的品酒杯。

（2）闻其香　清酒散发出的气味也可以辨别好坏，清酒最忌讳的是过熟的陈香或其他容器所逸散出的杂味，所以，有芳醇香味的清酒才是好酒，而品鉴清酒所使用的杯器与葡萄酒一样，需特别注意温度的影响与材质的特性，这样才能闻到清酒的独特清香。

（3）品其味　在口中含3～5毫升的清酒，然后让酒在舌面上翻滚，使其充分均匀地遍布舌面来进行品味，同时闻酒杯中的酒香，让口中的酒与鼻闻的酒香融合在一起，吐出之后再仔细品尝口中的余味，若是酸、甜、苦、涩、辣五种口味均衡调和，余味清爽柔顺的酒，就是优质的好酒，这种方法是比较直接有效的品酒方式。

（二）品鉴要素

（1）外观　澄清度（查看酒液的清澈度和透明度，浑浊通常预示着酒有缺陷）；色泽（清酒最初是淡黄色，但大多会过滤成透明。由于老化、暴露在阳光或高温下和木桶陈酿等，也有一些清酒带淡淡的黄色或棕色）。

（2）香气　香气的强度（查看香气是否强劲、浓郁）；黏稠度（通常酒度、糖分含量高的黏稠度就更高，酒液看起来厚重如糖浆）。

（3）风味　香气的复杂度（感受口中味道的层次和多样性）；描绘香气（从多种香气中找出其中占主导地位的，比如果香、花香、坚果等香气）。

（4）余韵　强度（留意入口时口感是否强劲）；质地（感受酒体的质地）；甘口或辛口（清酒通常分为干型和甜型，不过每个人对干和甜的印象往往是主观的）。

五、清酒的储存与服务

（一）清酒的储存

作为侍酒师，要时刻关注清酒的储存环境。清酒的保存对其质量至关重要。以下几点需要特别注意。

1. 防紫外线

紫外线会让清酒在短时间内出现黄褐色变化，产生日光臭。即便是冬季或光线不强时也需避光储存。对于需要展示的酒，可以考虑使用不发射紫外线的LED（Light Emitting Diode，发光二极管）灯源，或选择瓶身颜色较深的酒瓶减少紫外线的影响。

2. 防高温

高温容易使清酒发生变色或产生劣化的“老香”，因此建议将酒保存于15℃以下，最佳温度为5～10℃。含糖或氨基酸高的酒款，以及香气浓郁的吟酿类清酒更易受温度影响，需低温储存。若购买了生酒，则要在0℃以下冷藏以减缓老香的生成。

3. 防氧化

清酒在与空气接触后会氧化，导致香气变淡，风味变得平庸。空气接触量、储存温度、酒液剩余量都会影响氧化速度，因此建议开瓶后的清酒使用真空酒瓶塞抽出空气或将酒倒入小瓶中，以延缓氧化过程。

4. 其他注意事项

含气泡的清酒受冲击可能会导致喷出或破损。浊酒、滓酒等带有沉淀的酒，若不想搅动沉淀物，需避免剧烈振动。另外，避免与干酪、纳豆等气味强烈的食品同处保存，以防串味。

（二）清酒侍酒服务

1. 准备工作

（1）开餐前，准备充足的清酒，并将加热器打开。

（2）在客人的水杯右上侧摆放酒杯，间距1厘米；酒杯须洁净、无缺口、无破损、无水迹、无指印。

2. 清酒侍酒操作程序

（1）客人就座后，服务员需先问明客人清酒是热饮还是凉饮。

（2）根据客人要求，酒水员填写酒水单送至收银处，并由酒水员为客人准备清酒，时间不准超过5分钟。

（3）若客人热饮，服务员须告诉客人清酒需要加热的时间，请客人等候。

（4）将加热好的清酒添加到瓷壶中，倒酒时，左手持一块叠成12厘米见方的洁净口布，右手拿酒壶，用口布将酒壶底部擦干净，按先宾后主、女士优先的原则依次从客人右侧为客人倒酒，倒入客人杯中的1/3即可。

（5）倒酒时，瓶口不准粘贴杯口，以免有碍卫生及发出声响。

3. 清酒的添加

（1）当酒壶中的酒将要倒完时，询问客人是否再加酒，如客人同意加酒，服务程序与标准同上。

（2）如客人不再加酒，服务员待其喝完酒后，将空杯撤掉。

4. 清酒侍酒服务注意事项

（1）确认瓶身与标签　在倒酒前，需向顾客确认瓶身是否为选购商品，并在顾客面前展示标签以示透明。

（2）保持优雅与整洁　使用侍酒巾，保持酒瓶清洁，倒酒时将标签正面对向顾客。服务时注意用语，传递专业与热情的态度。

（3）遵循顺序礼仪　倒酒顺序应从贵宾开始，最后才到主人。

（4）技巧与安全　倒酒时扶住酒瓶底部与颈部，避免接触酒器以减少破损风险。

（5）倒酒礼仪　壶嘴形状代表“宝珠”，应避免直接用于斟酒。

（6）避免不礼貌的斟酒方式，如反手斟酒或将酒器搁置桌上。

知识链接 ▶ 酒器的选择

一、根据颜色选择材质

透明酒款：使用切割样式的透明玻璃杯，可更突出清酒的光泽与透明感。

黄茶酒款：选用透明玻璃或白瓷酒器，能凸显色泽；但避免使用暗色系陶器，以免显得无光泽。

浊酒：避免透明玻璃杯，推荐使用陶器等遮盖性较强的材质，提高视觉效果。

二、根据香气特征选择形状

浓郁香气：弯曲性高的杯形，更能突出香气，但可能也会放大酒精。

淡雅香气：小型直线杯形，适合香气较弱的清酒，也可以通过选用特殊形状的酒器来增强香气表现。

三、根据饮用温度选择酒器大小

低温提供：小型酒器，保冷效果佳，适合冰镇清酒。

常温提供：大型酒器更适合，减少温度变化影响。

四、根据酒质浓淡选择口径大小

轻爽酒质：口径较小的酒器，能凸显清酒的轻盈口感。

浓醇酒质：大口径酒器，更能展现酒体的丰满与层次。

五、其他特殊需求

冰凉提供时，可选用冷却效果显著的玻璃或金属酒器。

气泡清酒：可搭配笛形杯，既可以抑制气泡挥发，又能增强视觉表现。

知识巩固

1. 清酒的酿酒原料有________、________、________。
2. 清酒的酒精度数通常在________。
3. 请简述清酒的等级。
4. 请简述清酒的分类。

项目四
蒸馏酒

项目导读

蒸馏酒作为人类历史上重要的饮品之一，承载着丰富的文化底蕴和历史传承。不同地区的蒸馏酒，如中国的白酒、苏格兰的威士忌、法国的白兰地等，都代表了各自独特的酿造工艺、历史背景和地域特色。通过学习蒸馏酒知识与服务，可以更深入地了解酒水文化的精髓，促进不同地区文化的交流与传播。本项目主要学习白兰地、威士忌、金酒、伏特加、朗姆酒、特基拉酒、中国白酒的基本知识，辨别不同的蒸馏酒及能正确地按规范服务蒸馏酒。

学习目标

知识目标

1. 了解蒸馏酒的酿造原理。
2. 理解蒸馏酒的分类、品牌、储藏要求。
3. 掌握蒸馏酒的服务流程。

技能目标

1. 能区分蒸馏酒的类别。
2. 能正确地品鉴蒸馏酒。
3. 能提供规范的蒸馏酒服务。

素质目标

1. 激发探究学习蒸馏酒的兴趣。
2. 树立精益求精的精神。

任务1

白兰地服务

一、白兰地的起源与发展

白兰地（Brandy）最初是从荷兰文Brandywine而来，它的意思是“可燃烧的酒”。白兰地是英文Brandy的译音，它是以水果为原料，经发酵、蒸馏制成的酒。白兰地起源于法国干邑镇（Cognac），早在公元12世纪，干邑地区生产的葡萄酒就已经销往欧洲各国。

约在16世纪中叶，为便于葡萄酒的出口，减少海运的船舱占用空间及降低出口税金，同时也为避免因长途运输发生的葡萄酒变质现象，酒商把葡萄酒加以蒸馏浓缩后出口，到达目的国后再按比例兑水稀释出售。这种把葡萄酒加以蒸馏后制成的酒即为早期的法国白兰地。1701年，法国卷入了西班牙战争，这种酒销路大减，酒被积存在橡木桶内。战争结束以后，人们惊喜地发现储藏在橡木桶内的葡萄蒸馏酒酒质更醇，芳香更浓，颜色也由无色透明变成了优雅的琥珀色，于是白兰地便诞生了。

二、白兰地的定义与分类

（一）白兰地的定义

白兰地是以水果或果汁（浆）为原料，经发酵、蒸馏、陈酿、调配而成的蒸馏酒。

（二）白兰地的分类

1．根据原材料划分

（1）葡萄白兰地　以葡萄或葡萄汁（浆）为原料，经发酵、蒸馏、陈酿、勾兑而成的酒，人们习惯上把这种酒直接称作白兰地。

（2）水果白兰地　除葡萄以外其他水果或水果汁（浆）为原料制成的白兰地，则在白兰地前面冠以水果的名称。有苹果白兰地（Apple Brandy）、樱桃白兰地（Cherry Brandy）、梨白兰地（Williams）、杏白兰地（Barak Palinka）、蓝李白兰地（Quetsck）、黄李白兰地（Mirabelle）、覆盆子白兰地（Framboise）等。

2．按生产工艺分类

（1）白兰地　白兰地是以水果或果汁（浆）为原料，经发酵、蒸馏、陈酿、调配而成的蒸馏酒。

（2）调配白兰地　以水果蒸馏酒和食用酒精为基酒，经陈酿、调配而成的白兰地。

（3）风味白兰地　以白兰地为基酒，添加食品用天然香料、香精、可加糖或不加糖调配而成的饮料酒。

3．按产地分类

（1）干邑白兰地（Cognac）　又称柯涅克，干邑是法国白兰地最古老、最著名的产区，干邑地区生产白兰地因其悠久的历史和独特的加工酿造工艺被称为“白兰地之王”，是白兰地中的极品。干邑白兰地酒体呈琥珀色，清亮透明，口味讲究，风格豪壮英烈，特点十分独特，酒度为43°。

（2）雅文邑白兰地（Armagnac） 又称雅玛邑、阿尔玛涅克，品质仅次于干邑，雅邑地区生产的白兰地酒体呈琥珀色，发黑发亮，因储存时间较短，所以口味烈。陈年或远年的雅邑白兰地酒香袭人，它风格稳健沉着，醇厚浓郁，回味悠长，留杯许久，有时可达一星期之久，酒度为43°。

（3）法国白兰地（Franch Brandy） 指除干邑、雅邑以外的法国其他地区生产的白兰地，与其他国家的白兰地相比，品质上乘。

（4）中国白兰地（Chinese Brandy） 中国的第一瓶白兰地从1896年开始酿造，经过120多年的努力，中国已经能够酿造出媲美法国各大知名白兰地的酒液。

（5）西班牙白兰地（Spanish Brandy） 除法国以外，西班牙白兰地是最好的。有些西班牙白兰地是用雪莉酒（Sherry）蒸馏而成的。目前许多这种酒，是用各地产的葡萄酒蒸馏混合而成。此酒在味道上与干邑和雅文邑有显著的不同，味较甜而带土壤味。

（6）意大利白兰地 意大利白兰地生产较长，最初主要是生产酒渣白兰地（Crappa），且以内销为主。意大利白兰地风味比较浓重，饮用时最好加冰或水冲调。

知识链接 ▶ 白兰地的等级

白兰地的等级主要根据其在橡木桶中的成年时间来划分，以所用的混酿酒液中最年轻的酒液在橡木桶中最少的年限为判定标准。以下为干邑白兰地、中国白兰地、可雅白兰地等级标准一览表。

干邑白兰地、中国白兰地、可雅白兰地等级标准一览表

等级	干邑白兰地标准	中国白兰地标准	可雅白兰地标准
臻陈（Extra Extra Old，XXO）	14	14	15
特陈（Extra Old，XO）	10	6	10
久陈（Very Superior Old Pale，VSOP）	4	4	6
中陈（Very Old，VO）	/	3	3
浅陈（Very Special，VS）	2	2	3

三、白兰地的酿造

（一）酿造白兰地的品种

1. 酿造白兰地品种的特点

用于酿制白兰地的葡萄品种一般为白葡萄品种，一般需要具备以下四个特点。

（1）糖分低 葡萄的糖度一般在14°～17.5°。

（2）酸度高 葡萄的酸度一般在7～10克每升。

（3）香度低 葡萄的品种香气不宜太突出，应为弱香型或中性香型。

（4）高产且抗病性高 可以保证足够的生产原料。

2. 酿造白兰地的主要品种

目前占白兰地酿造全部品种的90%的主要葡萄品种有白玉霓（Ugni Blanc）、白福尔

(Folle Blanche)、鸽龙白(Colombard)。

(二)白兰地的酿造

1. 白兰地的酿造过程

榨汁→过滤→发酵→蒸馏→陈酿→勾兑→装瓶

2. 白兰地的蒸馏方法

(1)夏朗德式壶蒸馏　此方法需要进行两次蒸馏：第一次蒸馏是将原料葡萄酒蒸馏成粗馏原白兰地，第二次蒸馏是将粗馏原白兰地蒸馏成原白兰地。

(2)柱式蒸馏　是连续蒸馏的一种，可以不断加料、蒸馏、冷凝、接酒，整个过程不间断运作。

(3)塔式蒸馏　通常用于葡萄酒精的蒸馏，不是单纯的酒精提纯，而是要保持一定的葡萄品种及发酵所产酯香。

(4)薛式蒸馏　是一种用于生产白兰地的蒸馏方法，其特点包括使用夏朗德式蒸馏器进行直火加热，并通过多次蒸馏来提高酒液的纯度和品质。

四、白兰地名品

(一)轩尼诗(Hennessy)

该公司始创于1765年，是世界著名的干邑白兰地品牌之一(图4-1)。“轩尼诗”家族经过六代的努力，其产品质量不断提高，产品生产量不断扩大，已成为干邑地区最大的三家酿酒公司之一。轩尼诗是世界销量第一干邑，拥有世界规模最大的陈年生命之水蕴藏。拥有和谐而含蓄的滋味，酒质细致，散发着高雅成熟魅力。轩尼诗是三星干邑和玻璃瓶装干邑的创立者，使顾客更容易分辨干邑品质。

图4-1　轩尼诗

(二)人头马(Rémy Martin)

该公司创建于1724年，以酿酒公司名命名，“人头马”是以其酒标上人头马身的希腊神话人物造型为标志而得名的(图4-2)。该公司选用大小香槟区的葡萄为原料，以传统的小蒸馏器进行蒸馏，品质优秀，因此被法国政府冠以特别荣誉名称特优香槟区干邑(Fine Champagne Cognac)。该公司的拿破仑不是以白兰地酒的级别出现的，而是以商标出现，酒味刚强。

图4-2　人头马

(三)马爹利(Martell)

该公司创建于1715年，产自法国干邑地区的著名干邑白兰地品牌，也是世界上最古老、最驰名的白兰地酒，它是以其创始人的名字命名的(图4-3)。它独特的生产工艺保证其酒品极劲(无甜)，使用细纹的托朗赛橡木桶，减少蒸发并使陈酿时间更长久。

图4-3　马爹利

（四）张裕可雅白兰地（Koya）

该公司创立于1892年，被誉为“中国白兰地第一庄”（图4-4）。可雅白兰地采用夏朗德式壶蒸馏，橡木桶储存陈酿，酿造出优雅、馥郁、富有东方雅韵的白兰地。

图4-4 张裕可雅白兰地

（五）拿破仑（Courvoisier）

拿破仑又称为馥华诗（图4-5），创立于1790年，该公司在拿破仑一世在位时，由于献上自己公司酿制的优质白兰地而受到赞赏。在拿破仑三世时，它被指定为白兰地的承办商，是法国著名干邑白兰地。

图4-5 拿破仑

（六）卡慕（Camus）

卡慕又称金花干邑或甘武士（图4-6），始创于1863年，法国著名干邑白兰地酿造企业，世界干邑顶级品牌，全球最大的、唯一完全由家族掌控的独立干邑世家。早于创立的时候，卡慕家族规定对种植葡萄以至装瓶的每一个步骤都拥有绝对的控制权，经过五代之后，卡慕家族仍然恪守这条金科玉律以确保品质。

图4-6 卡慕

知识链接 ▶ 中国白兰地第一庄——张裕可雅白兰地酒庄

中国白兰地的发展起源于1892年张裕酿酒公司的成立，中国第一批白兰地在张裕的地下大酒窖——可雅酒庄里足足陈酿了18年（图4-7），于1914年正式上市，并被命名为可雅白兰地。1915年，巴拿马万国博览会召开，可雅白兰地一鸣惊人，勇夺金奖，打破了西方白兰地长期垄断的局面。可见，中国白兰地从诞生之初即展现出无限的潜力。可雅在国内首创壶式蒸馏数字化控制系统，酿酒师对蒸馏速度、温度、时间、火势等进行数字化精密控制和精细调整，从而确保将特征物质成分以最优化比例保留在“生命之水”中。

图4-7 中国可雅酒庄

五、白兰地的品鉴

（一）观其色

拿起酒杯对着光源，观察白兰地的清澈度及色泽，同时，将杯身倾斜约45°，慢慢转动一周，再将杯身直立，让酒汁沿着杯壁滑落，观察杯壁上的“酒脚”（酒晃动后，在杯壁上由高往下流的痕迹）流动的速度。

（1）外观 澄清透明、晶亮，无悬浮物、无沉淀。

（2）色泽　金黄色至琥珀色或棕红色或赤金色。

（3）挂杯　越好的白兰地，酒脚滑动的速度越慢，且酒脚越圆润。

（二）闻其香

将酒杯由远处移近鼻子，以能嗅到白兰地酒香的距离来衡量香气的强度与基本香气，再轻轻地摇动酒杯，逐渐靠近鼻子，最后将鼻子靠近杯口深闻酒气，以便辨别各种香气的特征与确定酒香的持久力。白兰地的香气有淡雅的花果香、木香等。

（1）花香　玫瑰，混合花香。

（2）果香　新鲜的桃子、杏子、李子、无花果、苹果、柑橘；干果（核桃、杏仁、榛子）。

（3）草本香　茶叶、草药、干稻草、麦芽、薄荷、桉树等香气。

（4）木质香　香草、松香、雪茄盒、雪松。

（5）烘烤香　咖啡、烟草。

（6）甜香　巧克力、焦糖、蜂蜜、草莓果酱。

（7）香料　肉桂、丁香、肉豆蔻。

（三）品其味

先含一些酒在舌间，再顺着舌缘让酒流到舌根，然后在口中滑动一下，入喉之后趁势吸气伴随酒液咽下，让醇美厚实的酒味散发出来，再用鼻子深闻一次，将所有的精华消化于口鼻舌喉之间。一款好的白兰地，入口醇厚柔顺，酒体协调统一，香味浓郁而有层次感。

六、白兰地的储存与服务

（一）白兰地的储存

（1）避免日光和强光直射。

（2）不可置于高温处，远离热源，建议恒温保存。

（3）避免噪声及震动的伤害。

（4）白兰地无保存期限，但存放过久，酒体会蒸发掉，造成酒度降低。

（5）避免与有异味的物品放置在一起，以免酒吸入异味。

（二）白兰地侍酒服务

1．最佳饮用温度

白兰地的最佳饮用温度为40℃左右，通常不需要特别进行温酒，只需选用专用白兰地杯，以手掌温度温暖酒液即可。

2．载杯选择

饮用白兰地要用白兰地杯，杯子呈球形，大肚窄口矮脚，这种杯形能使白兰地的芳香成分缓缓上升且抑制散味，酒香能够长时间回留在杯内。喝酒时用手掌托杯，掌心与酒杯肚接触，使热量慢慢传入杯中，易于白兰地的酒香发散，同时还要摇晃酒杯以扩大酒与空气的接触面，使酒的芳香溢满杯内。边闻边喝，才能真正地享受白兰地。

白兰地每杯的标准饮用量为1盎司或将酒杯横放，酒在杯腹中不溢出为宜，约为白兰地杯容量的1/3。

3. 白兰地侍酒操作程序

（1）为客人展示所点的白兰地，确认其品牌、级数。

（2）客人认可后，询问饮用方式并开瓶，以下是白兰地常见的饮用方法。

①净饮：准备白兰地杯、水杯、冰水和杯垫，送至客人桌边；将杯垫放于宾客的面前，将白兰地杯、水杯放于杯垫上，斟酒入白兰地杯，将冰水倒入水杯中。

②调饮。

a. 加冰：取3块冰放入古典杯中，倒入白兰地。

b. 加水：将白兰地倒入古典杯中，再倒入水。

c. 加红（绿）茶：将3块冰放入古典杯中，依次倒入白兰地和红（绿）茶或先按客人需要将白兰地和红（绿）茶兑好，再倒入放好冰块的古典杯中。

4. 白兰地侍酒服务注意事项

（1）对于品质好的陈年白兰地，建议采用净饮方式，以享受其原汁原味、香甜浓厚的酒香。

（2）对于品质一般的白兰地，可推荐客人调饮，以调缓其浓烈的口感。

知识巩固

1. 白兰地的酿酒葡萄有________、________、________。
2. 白兰地的最佳饮用温度是________。
3. 陈年品质好的白兰地最适合的饮用方式是________。
4. 请说明法国干邑、中国可雅白兰地成年等级。
5. 请简述白兰地的服务流程。

任务2 威士忌服务

一、威士忌的起源与发展

威士忌（Whisky或Whiskey）一词来源于古代爱尔兰和苏格兰高地塞尔特人的语言“Uisge-beatha”，意为“生命之水”。其起源可以追溯到中世纪的爱尔兰，当时的爱尔兰僧侣们利用麦芽和水制作出一种名为“啤酒”的饮品。随着时间的推移，他们发现如果将这种“啤酒”进行蒸馏，会得到一种更为浓郁的液体，这便是威士忌的雏形。也有说法认为，威士忌的起源可以追溯到炼金术的发展过程中。炼金术士在坩埚中放入某种发酵液，偶然发现可以产生酒精度数很高的液体，这被视为蒸馏酒的最早经验。这种“生命之水”的制法后来传到了爱尔兰，形成了威士忌的最初形态。

威士忌一词首次出现在《克朗玛克诺斯爱尔兰编年史》。18世纪末期，爱尔兰威士忌席卷英伦三岛。但在1831年，由于塔式蒸馏器的发明和应用，苏格兰人率先采用了这种新工艺，并开始向世界范围出口勾兑威士忌。

二、威士忌的定义与分类

（一）威士忌的定义

威士忌是以谷物为原料，经糖化、发酵、蒸馏、陈酿、经或不经调配而成的蒸馏酒。

（二）威士忌的分类

1．按原料酿造方法划分

（1）单一麦芽威士忌（Single Malt Whisky） 是指酒液完全来自同一家蒸馏厂，采用百分百的发芽大麦为原料，经过选种、发芽、烘干、磨碎、发酵、蒸馏等程序，并在橡木桶中陈酿三年以上的威士忌。世界顶级的威士忌一般都属于单一麦芽威士忌。

（2）谷物威士忌（Single Grain Whisky） 是采用多种谷物作为酿酒的原料，如燕麦、黑麦、大麦、小麦、玉米等。谷物威士忌只需一次蒸馏，主要是以不发芽的大麦为原料，以麦芽为糖化剂进行生产。

（3）调和威士忌（Blended Whisky） 又称混合威士忌，由单一麦芽威士忌和谷物威士忌勾兑而成。威士忌的勾兑是一门技术性很强的工作，不仅要考虑到两种原酒的比例，还要考虑到它们的陈酿年龄、产地、口味等多种特性。如果不是经验丰富的调酒师，则很难调出一瓶香气适宜、口感醇厚的混合威士忌。

2．按产地分类

（1）苏格兰威士忌（Scotch Whisky） 苏格兰是威士忌的发源地之一，以其独特的酿造工艺和风味而闻名于世。苏格兰威士忌必须在苏格兰酿造并陈年，且原料中必须含有发芽大麦。

（2）爱尔兰威士忌（Irish Whisky） 同样具有悠久的历史和独特的口感。与苏格兰威士忌相比，爱尔兰威士忌通常更加顺滑、柔和，带有一定的果香和甜味。

（3）美国威士忌（American Whisky） 以波本威士忌最为著名，其原料中必须含有至少51%的玉米，并经过新的烧焦橡木桶陈酿。此外，美国还有田纳西威士忌等品种。

（4）加拿大威士忌（Canadian Whisky） 以谷物为原料，经过蒸馏和陈酿而成。其口感通常较为清淡、柔和，适合与冰块或苏打水混合饮用。

（5）日本威士忌（Japanese Whisky） 虽然起步较晚，但凭借其精湛的工艺和独特的口感，已在全球范围内赢得了广泛的认可。日本威士忌的原料和酿造技术源自苏格兰，但经过本地化改良后，形成了具有日本特色的风味。

知识链接 ▶ 桶强威士忌（Cask Strength）

绝大部分威士忌会在装瓶之前加水，将酒度降低至合适的浓度，因此市面上的瓶装威士忌酒度大多在40%vol～43%vol。

原桶强度也称之为桶强，是指不加水稀释的原酒，从橡木桶中取出直接装瓶，其酒度往往都比较高，在55%vol以上，也是最原汁原味的一种威士忌，最能反映酒厂和橡木桶的风格（图4-8）。桶强威士

图4-8 麦卡伦桶强威士忌

忌具有不加水稀释，风味更醇正；酒度高，芳香更浓郁；产量更少，价格更高昂；针对高端市场等特点。

三、威士忌的酿造

（一）酿造威士忌的原料

1．大麦

大麦是威士忌酿造中最常用的谷物原料，它含有丰富的淀粉和酶，适合进行发酵和蒸馏。在酿造过程中，大麦会先经过发芽处理，使淀粉转化为糖，然后再进行烘干和研磨，以便后续的糖化过程。

2．小麦

小麦也是威士忌酿造中常用的谷物之一，它赋予威士忌柔和的口感和甜美的风味。小麦威士忌通常具有较低的酒精度和较高的酯类含量，口感更加细腻。

3．黑麦

黑麦威士忌以其独特的口感和风味而闻名，它赋予威士忌浓郁的焦糖、香料和木质气息。黑麦在威士忌酿造中的使用比例因地区而异，但通常都占有一定地位。

4．玉米

在美国等地，玉米是威士忌酿造的主要原料之一。它赋予威士忌甜美的口感和较高的酒度，适合作为调和威士忌的基酒。

（二）威士忌的酿造过程

浸麦→发芽→发酵→蒸馏→陈酿→勾兑→装瓶

四、威士忌名品

（一）百富威士忌（The Balvenie）

百富威士忌是苏格兰格兰父子洋酒公司旗下的品牌，以单一纯麦威士忌著称（图4-9）。它坚持传统手工技艺，使用自种大麦，并采用双桶陈酿工艺，赋予威士忌独特风味。百富威士忌口感丰富，多次获得国际大奖，是威士忌收藏家和品鉴家的优选。

图4-9 百富威士忌

（二）波摩威士忌（Bowmore）

波摩威士忌是苏格兰艾雷岛上最古老的酒厂之一，创立于1779年（图4-10）。它以独特的泥煤烟熏风味、雪莉桶陈酿和海洋气息闻名，产品线包括不同年份的威士忌，如经典的12年和15年。品鉴时，可以感受到丰富的层次感和独特的海洋风味，是威士忌爱好者的优选之一。

（三）麦卡伦威士忌（Macallan）

麦卡伦被誉为“液体黄金”，源自苏格兰斯佩塞区，自1824年创立以来，以卓越品质著称（图4-11）。它使用传统铜制蒸馏器和优质橡木桶陈酿，酒体呈现出丰富果香、香草和辛香料风味。麦卡伦威士忌产品线丰富，从经典年份到限量版均有，深受威士忌爱好者青睐，被誉为“苏格兰单一麦芽威士忌中的劳斯莱斯”。

（四）格兰菲迪威士忌（Glenfiddich）

格兰菲迪威士忌源自苏格兰高地斯佩塞地区，创立于1886年（图4-12）。它采用大麦和罗比杜山泉为原料，以单一纯麦威士忌闻名。格兰菲迪威士忌口感丰富，从12年到50年等多个年份均有，每一款都展现出独特的果香和橡木风味，是全球最畅销的单一麦芽威士忌品牌之一。

（五）尊美醇威士忌（Jameson）

尊美醇威士忌是爱尔兰最畅销的威士忌品牌，以其三重蒸馏的顺滑口感和独特的酿造工艺闻名（图4-13）。它使用优质大麦和泉水，经过精心调配和陈酿，打造出具有水果和辛香风味的爱尔兰调和威士忌。

图4-10　波摩威士忌

图4-11　麦卡伦威士忌

图4-12　格兰菲迪威士忌

图4-13　尊美醇威士忌

（六）杰克丹尼威士忌（Jack Daniels）

杰克丹尼是美国最古老的注册酒厂之一，以其独特的枫木过滤方法和美国白橡木桶储存而著称（图4-14）。该品牌诞生于1866年，是美国威士忌的代表之一。

（七）加拿大俱乐部威士忌（Canadian Club）

加拿大俱乐部创立于1858年，是加拿大最畅销的威士忌品牌之一，以其顺滑、柔和的口感著称（图4-15）。它使用多种谷物酿造，包括黑麦、大麦和玉米等，经过精心调配和陈酿，展现出平衡而淡雅的香气，以及丰富但不过于复杂的口感层次，适合威士忌初学者和喜欢轻盈口感的爱好者。

（八）山崎威士忌（The Yamazaki）

山崎威士忌源自1923年，由三得利创始人鸟井信治郎在日本山崎创立（图4-16），采用传统苏格兰蒸馏技术与日本独特气候、水源结合，使用水楢橡木桶和红酒橡木桶熟成。其口感浓郁顺滑，香气复杂多变，经典酒款包括10年、12年、18年、25年和50年等，深受威士忌爱好者喜爱。

图4-14 杰克丹尼威士忌

图4-15 加拿大俱乐部威士忌

图4-16 山崎威士忌

知识链接 ▶ 威士忌的陈酿年份

一、桶中陈酿年份（Age Statement）

根据苏格兰威士忌法规，陈酿年份的意思是指瓶中酒液的最低年份（而不是平均年份），可能这款威士忌用了12年、18年、25年、30年来调和，但因为里面最低的是12年，因此它就只能标示为12年的威士忌。而大多数其他地区的威士忌，如果要标示桶中陈酿年份大多也是依循这个规则。图4-17所示则为桶中陈酿年份为25年。

二、单一年份（Vintage）

单一年份也是常看到的，尤其是在一些独立装瓶酒款、单桶等经常出现。单一年份威士忌指的是威士忌蒸馏时特定公历年，例如写着1994，代表这瓶的蒸馏年份为1994年（图4-18）。如果这个时候搭配酒标上的另一个装瓶时间（Bottling Date）来看，即可以计算出瓶陈的时间。例如1994蒸馏，2006装瓶的话，那这瓶的年份就是12年。

三、无年份（Non-Age Statement）

无年份威士忌通常是指新酒和老酒调和而成的威士忌，酒标上不会明确标示具体的陈酿年份。这种威士忌的年份计算通常是基于调和酒中最年轻的基酒的陈年时间。图4-19所示此款酒则为无年份威士忌。

四、特殊年份标示

特殊年份标示如索雷拉系统（Solera System）在威士忌中较为少见，最早是来自雪莉酒的一种陈年方法，但后来在朗姆酒、威士忌上都有相似的使用方法。比较特别的是格兰菲迪索雷拉15年，因为苏格兰有规定酒标上的年份必须为最低年份，就是每滴酒必须是15年及以上（图4-20）。

图4-17 威士忌的桶中陈酿年份

图4-18 单一年份威士忌

图4-19 无年份威士忌

图4-20 特殊年份威士忌

五、威士忌的品鉴

（一）观其色

将威士忌倒入威士忌品鉴杯中，轻轻旋转酒杯，仔细观察其颜色和清澈度。威士忌的颜色因种类和陈年时间的不同而有所差异，从浅金色到深琥珀色不等，且应保持清澈透明。颜色的深浅在一定程度上反映了威士忌的陈年状况和酿造原料。

（二）闻其香

轻轻摇晃酒杯，使威士忌与空气充分接触，从而释放出更多的香气。随后，将鼻子靠近酒杯，深吸一口气，细心感受威士忌的香气。在初闻时，可能会首先感受到酒精的刺激味，但随着时间的推移，各种香气如花香、果香、草香等会逐渐显现，这些香气与威士忌的种类和陈年时间密切相关。

（三）品其味

小口品尝威士忌，让酒液覆盖整个口腔，仔细体会其中的各种味道。威士忌的口感通常包括甜、酸、苦、咸等基本味道，以及由原料、酿造工艺和陈年时间带来的独特风味。在品尝时，可以注意酒液的顺滑度、黏稠度和余味等特征。

六、威士忌的储存与服务

（一）威士忌的储存

1. 温度

理想的储存温度是15～20℃，实际温度不应高于或低于该范围3～4℃。温度过高会加速酒精的蒸发和酒液的氧化，影响酒的口感和香气；温度过低则可能使酒精凝结，产生沉淀，影响口感。

2. 湿度

保持适宜的湿度有助于保持软木塞的湿润，防止其干裂导致漏气。但也要避免过于潮湿的环境，以免威士忌酒标受损或滋生霉菌。

3. 避光

威士忌应当存放在避光的环境中，因为阳光直射或强烈的光照可能会导致酒液中的化学成分变化，进而影响酒的品质。地下室、不靠近窗户的储藏室、壁橱内或专用的酒柜都是理想的存放地点。如果没有合适的地方存放，还可以把威士忌放置在不透光的盒子里。

（二）威士忌侍酒服务

1. 最佳饮用温度

威士忌的最佳饮用温度为15～20℃。这一温度能使威士忌的香气与口感得到完美释放，让人充分领略其复杂性和层次感。然而，饮用温度并非一成不变，可根据个人口味及威士忌类型进行微调。

2. 载杯选择

（1）格兰凯恩杯（Glencairn Glass） 也称麦芽杯，专为品饮威士忌设计。格兰凯恩杯宽底窄口，有助于集中香气，是威士忌品鉴爱好者最爱的品鉴杯形之一。

（2）郁金香杯（Copita Glass） 在西班牙和葡萄牙非常流行。杯体形纤瘦、杯缘极薄且有着微妙弧度，可以集中香气，高脚设计可以防止手温影响酒温。

（3）古典杯（Old Fashioned Glass） 又称岩石杯（Rock Glass），杯身较宽、杯口微微收拢，杯底较稳，适合加冰或苏打水饮用。它能够很好地展现威士忌的香气和口感。

3. 威士忌侍酒操作程序

（1）为客人展示所点的威士忌，确认其品牌、年份及产地等信息。

（2）客人认可后，询问饮用方式并开瓶，以下是三种饮用方法。

①净饮：准备威士忌杯、水杯、冰水和杯垫，送至客人桌边；将杯垫放于宾客的面前，将白兰地杯、水杯放于杯垫上，斟酒入威士忌杯，将冰水倒入水杯中。

②水割法（Mizuwari）：由三得利创造的威士忌的饮用方法，即用冰块、威士忌与适量的纯水混合饮用（有时只加冰块）。水割威士忌有利于激化威士忌的分子结构，释放威士忌的香味。在水割法中，水与威士忌的最佳配比是2∶5。

③调饮：通常有以下几种方式。

a. 加冰：取3块冰放入古典杯中，倒入威士忌。

b. 加水：将威士忌倒入古典杯中，再加入适量的水。

c. 加苏打水：将威士忌倒入古典杯中，缓缓倒入苏打水，注意控制气泡的溢出。

d. 加绿茶：将3块冰放入古典杯中，先将绿茶和威士忌按一定比例兑好（威士忌与绿茶的最佳比例是1∶3），再倒入放好冰块的古典杯中。

热托地：18世纪苏格兰人将威士忌、茶、热水、柠檬和蜂蜜调制而成的。

4. 威士忌侍酒服务注意事项

（1）对于品质好的陈年威士忌，建议采用净饮方式，以享受其原汁原味、香甜浓厚的酒香。

（2）对于品质一般的威士忌，可推荐客人调饮，以调缓其浓烈的口感。

知识巩固

1. 威士忌的主要原料有__________、__________、__________、__________。
2. 威士忌的最佳饮用温度是__________。
3. 品质好的威士忌最适合的饮用方式是__________。
4. 请列举5个威士忌品牌并简述其特点。
5. 请简述威士忌的服务流程。

知识延伸 ▶ 国威的兴起

中国威士忌市场正处于快速发展的初期阶段，市场潜力巨大。日本和中国台湾地区作为典型的威士忌新兴市场，为中国大陆的威士忌发展提供了宝贵的参考。中国威士忌行业近年来处于高速发展窗口期，呈现量价齐升态势。众多国内外企业纷纷投资建厂，推动了中国威士忌产业的快速发展，近两年，就有16家中大型威士忌项目在中国各地落地，如帝亚吉欧在云南的云拓威士忌酒厂、卡慕集团在安徽的古奇草本威士忌蒸馏坊。随着工艺创新和品牌建设的深入，国产威士忌正在国际市场上崭露头角，涌现出许多优秀的国威蒸馏厂，如成都的崃州蒸馏厂、福建的大芹蒸馏厂、眉山的叠川蒸馏厂等。

任务3 金酒服务

一、金酒的起源与发展

金酒起源于荷兰，成长于英国，流行于美国。金酒起源于16世纪的荷兰。当时，荷兰莱顿大学的西尔维斯教授为了制造一种利尿、清热的药剂，将杜松子植物浸泡在以谷物为原料的酒精中，再进行蒸馏，从而酿造出了这种药物酒。这种酒最初是为了帮助在东印度地区活动的荷兰商人、海员和移民预防热带疟疾。不久后，人们发现这种利尿剂香气和谐、口感均衡、醇厚淡雅、酒液如水晶般清澈，带有净、爽的自然风味，很快就被人们作为正式的酒精饮料饮用，从此，金酒成为荷兰地区一种广泛应用的饮品。

1688年，英国的光荣革命爆发，荷兰贵族威廉三世与英国王室玛丽二世结婚，并于1689年加冕为英国国王。他将自己在荷兰喜爱的金酒带到了英国，并采取了一系列措施来推广它。金酒因此在英国大受欢迎，甚至被称为“比啤酒还要便宜好喝的酒”。1920年前后，金酒被引入美国，并随着鸡尾酒的兴起而流行起来。金酒是调制鸡尾酒最常见的酒，有“鸡尾酒的心脏”的美誉。

二、金酒的定义与分类

（一）金酒的定义

金酒（Gin），又名杜松子酒（Geneva）或琴酒，是以谷物为原料，在蒸馏时增添以杜松子为主的多种药材与香料蒸馏而成的烈性酒。

（二）金酒的分类

1．根据产地划分

（1）荷式金酒（Genever） 荷式金酒的制作方式是用大麦、小麦为主要材料，配上杜松子酶香料，在发酵蒸馏三次之后得到原酒，最后加入杜松子再次蒸馏而来。荷式金酒色泽透明清亮，酒香味突出，香料味浓重，辣中带甜，风格独特。因香味过重，荷式金酒只适于纯饮，不宜作混合酒的基酒。

（2）伦敦金酒（London Gin） 酒液无色透明，气味奇异清香，口感醇美爽适，是目前世界上最主要的金酒品种，以伦敦命名，但并非只在伦敦生产。伦敦金酒的特点是干而香，适合作为鸡尾酒的基酒。

（3）美式金酒（American Gin） 美式金酒主要有蒸馏金酒（Distilled Gin）和混合金酒（Mixed Gin）两大类，口味多样，从清淡到浓郁都有。

2. 按口味分类

（1）辣味金酒（Dry Gin） 又称干金酒，是不甜的金酒，其特点是以杜松子为主要原料，味道较重，带有明显的松柏和香料风味。

（2）老汤姆金酒（Old Tom Gin） 又称加甜金酒，指伦敦制的甜味金酒，是在辣味金酒中加入了糖分，味道较甜，适合纯饮或加入苏打水调制。

（3）荷式金酒（Genever） 荷氏金酒除具有浓烈的杜松子气味外，还具有麦芽的芬芳。

（4）果味金酒 这类金酒在酿造过程中加入了水果或其他植物成分，使酒液呈现出不同的果香和风味。

知识链接 ▶ 金酒与中国

金酒在中国的历史可以追溯到20世纪30年代，当时北京的上义葡萄酒厂开始生产这种烈酒。据说，这种金酒是由法国传教士引进的，采用杜松子浸泡蒸馏的方法制作，以其独特的天然香料而受到洋酒行业的青睐。而金酒销售最盛时期是在1946年，尤其在来华美国人中极为畅销，有的还被带回美国去，这是谁也始料不及的。

随着中国经济的发展和人们生活水平的提高，金酒在中国逐渐受到更多消费者的喜爱。特别是近年来，随着鸡尾酒文化的兴起，金酒作为重要的基酒之一，在中国的消费量逐年增加。中国金酒市场涌现出了一批知名品牌，如“白兰树下”“超城市（City Super）蜜桃味手工金酒”等。这些品牌不仅在国内市场受到好评，还逐渐走向国际市场。

三、金酒的酿造

（一）酿造金酒的原料

金酒的基础原料是谷物，主要以玉米、小麦、大麦、裸麦为主。而植物香料是金酒独特风味的关键所在。这些香料经过浸泡或蒸馏后，其风味成分会溶解在酒液中，形成金酒特有的香气和口感。常见的植物香料包括杜松子、芫荽籽、柑橘皮干、豆蔻等香料。

（二）金酒的酿造过程

浸麦→研磨→糖化→发酵→蒸馏→精馏→调配→装瓶

四、金酒名品

（一）亨克斯金酒（Henkes）

亨克斯金酒产自荷兰，是荷兰金酒中的佼佼者（图4-21）。荷兰是世界上的金酒生产大国，而亨克斯金酒以其独特的酿造工艺和卓越的品质，在世界金酒市场中占有一席之地。

（二）哥顿金酒（Gordon's）

哥顿金酒是英国的国饮，由亚历山大·哥顿在伦敦创办（图4-22），将经过多重蒸馏的酒精配以杜松子、芫荽种子及多种香草，调制出香味独特的金酒，口感滑润，酒味芳香。

（三）孟买蓝宝石金酒（Bombay）

孟买蓝宝石金酒隶属于百加得有限公司，其全部10种植物成分在2021年获得可持续性认证（图4-23）。香气四溢，口感醇厚，回味无穷，无论是作为调酒材料还是直接饮用，都能让人感受到它的独特魅力。

（四）亨利爵士金酒（Hendrick's）

亨利爵士金酒酿制于苏格兰西南部海岸格文县的酒厂，当地偏软的低地水源与黄瓜、玫瑰等多种丰富的草本原料成分，赋予亨利爵士金酒奇幻的英式风味（图4-24）。酒厂一直坚持小批量酿制，以保障金酒的优秀品质。

图4-21 亨克斯金酒

图4-22 哥顿金酒

图4-23 孟买蓝宝石金酒

图4-24 亨利爵士金酒

（五）必富达金酒（Beefeater）

1863年，受过培训的药剂师兼企业家詹姆士·巴洛夫先生买下该酒厂，他在19世纪60年代研制的必富达金酒独特秘方一直被沿用至今（图4-25）。该酒具有非常特殊的清香味，气味的纯度很高，入口顺滑柔和，没有刺激的感觉。

（六）植物学家金酒（The Botanist）

植物学家金酒是全球为数不多采用天然香料、不添加人工香料的金酒之一（图4-26），是一款层次丰富的金酒，是对艾雷岛植物资源的一次大胆探索。在九款用来酿制金酒的经典植物的基础上，植物学家团队在艾雷岛的山丘、海岸一级沼泽地区，精心寻觅并亲手采摘了22种当地草本及花卉。

（七）猴王47

猴王47来源于德国，这款黑森林干金酒按照蒙哥马利·科林所创造的非比寻常的配方调制而成（图4-27）。酒如其名，47种经过手工精心挑选的配料，通过特别专属的传统蒸馏法的处理，配以黑森林深处的泉水制作而成，赋予了这款酒别具一格的美。

（八）西格兰姆斯金酒（Seagram's）

西格兰姆斯金酒，也称为施格兰金酒，是一款源自美国的知名金酒品牌（图4–28）。自20世纪80年代以来，施格兰就一直是北美顶级的金酒品牌，并在世界财富500强中占有一席之地。

图4-25　必富达金酒

图4-26　植物学家金酒

图4-27　猴王47

图4-28　西格兰姆斯金酒

五、金酒的品鉴

（一）观其色

将金酒倒入透明玻璃杯中，轻轻旋转，观察其色泽。优质金酒通常呈现出清澈透亮的淡黄色至金色，有时因加入的不同植物成分而略显浑浊。色泽的深浅和透明度可以反映金酒的年份、原料和酿造工艺。

（二）闻其香

将鼻子靠近杯口，轻轻吸气，让金酒的香气自然涌入鼻腔。注意辨别杜松子的清新、柑橘的酸甜、香料的辛辣等复杂层次。闻香时，可以张开嘴巴，让气味通过口腔升到鼻子的顶端，更全面地感受金酒的香气。

（三）品其味

小口啜饮，让金酒在舌尖轻轻滚动，感受其初始的甜、中段的辣以及余味的悠长。留意是否有任何不和谐的味道或刺激感。同时，可以把酒含在嘴里一会儿，让口腔的温度帮助释放酒里的香味。

六、金酒的储存与服务

（一）金酒的储存

1. 温度

金酒应储存在阴凉通风、温度稳定的地方。理想的储存温度为室温20℃左右，避免过高或过低的温度影响酒的品质。高温可能导致酒液蒸发，而低温则可能影响金酒的口感和风味。

2. 湿度

储存环境的湿度应适中，避免过高导致酒标褪色或酒液变质。相对湿度保持在60%左右较为适宜。

3. 光线

金酒应远离阳光直射和其他紫外光源，因为光线会漂白瓶子的标签并影响酒的颜色和风味。地下室是储存金酒的不错选择，但需确保湿度适中。

（二）金酒侍酒服务

1. 最佳饮用温度

金酒的最佳饮用温度为10～12℃。这一温度范围可以使金酒的香气充分散发出来，使饮用者能够更好地享受金酒中各种香料和植物原料带来的独特香气。然而，饮用温度并非一成不变，可根据个人口味及金酒类型进行微调。

2. 载杯选择

（1）子弹杯（Shot Glass） 也称烈酒杯，专为品饮烈酒而设计，容量一般为20～30毫升。子弹杯的杯底厚实，杯身线条柔滑，呈小喇叭状，非常适合在聚会中活跃气氛。

（2）古典杯（Old Fashioned Glass）或柯林杯（Collins Glass） 多用于金酒的调饮。

3. 服务程序

（1）为客人展示所点的金酒，确认其品牌、年份及产地等信息。

（2）客人认可后，询问饮用方式并开瓶，以下是两种常见的饮用方法。

①净饮：主要用于香味较重的荷式金酒。其中有一种来自东印度群岛比较传统的喝法——先用苦精（Bitter，一种浓缩的草药酒）刷杯，然后把金酒倒满，一口喝光，最后来一杯冰水，有利于开胃，适合夏天饮用。

②调饮：通常有以下几种方式。

a. 加冰：取3块冰放入古典杯中，倒入金酒。

b. 加汤力水：将金酒倒入柯林杯中，缓缓倒入汤力水，注意控制气泡的溢出。

4. 金酒侍酒服务注意事项

金酒适宜的饮用温度一般在室温左右，如果温度过高或过低，都会影响金酒的口感和风味。因此，在提供金酒服务时，应确保酒水温度适中。

知识巩固

1. 金酒的主要原料有________、________、________、________。
2. 金酒的最佳饮用温度是________。
3. 荷式金酒最适合的饮用方式是________。
4. 请列举5个金酒品牌并简述其特点。
5. 请简述金酒的服务流程。

知识延伸 ▶ 鸡尾酒的心脏

金酒被誉为“鸡尾酒的心脏”，主要因为它在鸡尾酒调制中的核心地位。金酒既可以纯饮，也可以作为基酒与其他酒混合配制鸡尾酒，且因其独特的口感和风味，成为调制多种经典鸡尾酒不可或缺的元素。例如，在干马天尼、内格罗尼、金汤力等著名鸡尾酒中，金酒都扮演着至关重要的角色。此外，金酒无色透明、清纯干净，味道又含有一种奇异的清香，口感醇美爽适，这使得它成为鸡尾酒调制中的灵魂和核心。

任务4 伏特加服务

一、伏特加的起源与发展

伏特加的历史可以追溯到14世纪，最早起源于俄罗斯。当时，俄罗斯人发现将小麦、大麦或黑麦经过发酵、蒸馏后，可以制成一种纯净的高酒度饮料。随着时间的推移，伏特加逐渐成为俄罗斯文化的一部分，被誉为“俄罗斯之魂”。

1429年，俄罗斯人采用木炭过滤法生产中性烈酒，这标志着现代伏特加的诞生。1917年的俄国十月革命导致许多白俄罗斯人流亡到其他国家，他们开始在这些国家制造伏特加，最终使其传播到全球。目前，伏特加已成为全球范围内广受欢迎的蒸馏酒之一。

二、伏特加的定义与分类

（一）伏特加的定义

伏特加是以谷物、薯类、糖蜜及其他可食用农作物等为原料，经发酵、蒸馏制成的食用酒精，经过特殊工艺精制加工而成的蒸馏酒。

（二）伏特加的分类

1．根据产地分类

（1）俄罗斯伏特加　俄罗斯是伏特加的发源地，其伏特加口感纯净、浓烈，带有一定的俄罗斯文化特色。

（2）波兰伏特加　波兰也是伏特加的重要产地之一，其伏特加口感柔和、细腻，带有一定的青草香气。

（3）美国伏特加　美国伏特加通常以玉米为原料，口感清爽、果香浓郁，适合与各种果汁、饮料混合饮用。

2．根据原料分类

（1）小麦伏特加　以小麦为主要原料酿造的伏特加，口感柔和，带有一定的甜味和麦香味。

（2）黑麦伏特加　以黑麦为主要原料酿造的伏特加，口感较为浓烈，带有一定的焦糖和烟熏味。

（3）马铃薯伏特加　以马铃薯为主要原料酿造的伏特加，口感清爽，带有一定的果香味。

3．按口味分类

（1）纯净伏特加　这种伏特加无色、无味，口感纯净，是伏特加中最基础、最经典的一种。

（2）风味伏特加　也称加味伏特加，通过在酿造过程中加入植物、果实、香辛料等调香原料，赋予伏特加独特的风味。这种伏特加口感丰富，风味各异，是近年来市场上较为流行的一种。

知识链接 ▶ 文化输出——红牌伏特加

俄罗斯有着世界一流的文艺作品，俄罗斯音乐、电影、芭蕾舞曾输出到全世界，果戈里、托尔斯泰、陀思妥耶夫斯基等俄国名家的作品更是影响了世界文坛。而全世界都知道俄罗斯人好酒，各国的爱酒人士总希望自己喝到的是正宗的俄罗斯伏特加。而产自俄罗斯本土的伏特加品牌“Stolichnaya”，无疑就是这种“正宗”的代表。

三、伏特加的酿造

（一）酿造伏特加的原料

酿造伏特加的基础原料包括谷类和薯类两种。

1．谷类原料

（1）小麦　小麦伏特加以小麦为主要原料，经过发酵和蒸馏后制成。小麦伏特加通常口感柔和，带有一定的甜味和麦香味。

（2）大麦　大麦也是酿造伏特加的常见原料之一。大麦伏特加口感醇厚，风味独特。

（3）黑麦　黑麦是黑麦伏特加的主要原料。黑麦伏特加口感较为浓烈，带有一定的焦糖和烟熏味。

（4）玉米　在某些地区，玉米也被用作酿造伏特加的原料。玉米伏特加口感清爽，带有一定的果香味。

2．薯类原料

马铃薯是酿造伏特加的另一种重要原料。以马铃薯为原料酿造的伏特加口感清爽、纯净度高，且带有一定的果香味，在俄罗斯等地尤为常见。

（二）伏特加的酿造过程

发酵→重复蒸馏→过滤→稀释→装瓶

四、伏特加名品

（一）斯米诺伏特加（Smirnoff Vodka）

斯米诺伏特加产自俄罗斯，其以纯劲口感而风靡全球，由小麦、大麦芽和玉米等混合谷物制成，经过三重蒸馏和十次过滤（图4-29）。产品包括中性伏特加和调味伏特加，调味系列拥有几十种口味供挑选。

（二）灰雁伏特加（Grey Goose Vodka）

灰雁伏特加是百加得洋酒集团旗下高端伏特加品牌，被誉为“全球最佳口感伏特加”（图4–30）。甄选顶级原料，经酒窖大师精心打造，口感绵密顺滑、优雅柔和。

（三）雪树伏特加（Belvedere Vodka）

雪树伏特加来源于位于华沙的波兰皇家的宫殿，意为“美丽的景色”，映射出雪树伏特加全球顶级尊贵的地位（图4–31）。

（四）绝对伏特加（Absolut Vodka）

绝对伏特加源自瑞典，现被法国保乐力加集团收购，产品包括经典的蓝色伏特加以及多种口味，如柑橘、辣椒、柠檬、黑加仑、苹果梨味等（图4–32）。包装设计具有特色，瓶子外形的灵感来源于古老的瑞典药剂瓶。

图4–29　斯米诺伏特加

图4–30　灰雁伏特加

图4–31　雪树伏特加

图4–32　绝对伏特加

五、伏特加的品鉴

（一）观其色

将伏特加倒入杯中，倾斜杯子以观察酒液。高质量的伏特加应该是透明无色、无杂质、无沉淀的液体。注意观察酒液在杯壁上形成的液体膜是否均匀细腻，以及是否有明显的泡沫或水珠。如果看到有任何浑浊、变色或油脂状物质，应避免饮用。

（二）闻其香

轻轻摇晃杯子，使酒液与空气充分接触，然后将鼻子靠近杯口深深地吸一口气。虽然伏特加味道中性，但不同原料和工艺制作的伏特加会有不同程度的香气，可能会闻到一些清新、甜蜜、果香、花香等不同的气息。这些都是伏特加原料和工艺所带来的独特印记。

（三）品其味

品尝伏特加有两种方式，一是直接一口饮下；二是在口中含留片刻后慢慢吞咽。在品尝过程中，应注意伏特加的入口感、中段感和余味。高品质的伏特加入口应感觉清爽而不刺激，中段感应平滑且不黏腻，余味则应干净利落、无苦涩残留。

六、伏特加的储存与服务

（一）伏特加的储存

1. 避光

伏特加应储存在避光的环境中，以防止光线分解其香气和口感。避免将伏特加放置在直射阳光或强烈射灯照射的地方。

2. 避热

温度对伏特加的储存至关重要。应将伏特加储存在温度稳定且较低的环境中，以避免其品质因温度变化而受损。理想的储存温度通常在13℃左右，但也可以根据实际情况进行调整。

3. 避湿

湿度过高可能导致伏特加包装受潮或变质，因此应确保储存环境具有适当的湿度控制。

（二）伏特加侍酒服务

1. 最佳饮用温度

伏特加的最佳饮用温度为10～12°。在这温度下，人的味觉对酒精的感知会钝化，伏特加的质感会如水一般顺滑，同时能让劣质伏特加中的杂质味无处遁形。

2. 载杯选择

（1）子弹杯（Shot Glass） 也称烈酒杯，专为品饮烈酒而设计。

（2）古典杯（Old Fashioned Glass）或柯林杯（Collins Glass） 多用于伏特加的调饮。

3. 伏特加侍酒操作程序

（1）为客人展示所点的伏特加，确认其品牌、年份及产地等信息。

（2）客人认可后，询问饮用方式并开瓶，以下是两种常见的饮用方法。

①净饮。

a. 常温纯饮：准备好子弹杯，杯垫，斟入30毫升的伏特加。

b. 冰冻纯饮：冰冻纯饮是一种流行的饮用方式。将伏特加放入冰箱冷冻层，约半小时后取出并摇晃，酒液会变得透明无色且略微黏稠。这种冰冻的口感能抵消部分酒精的烈性，使伏特加前味清甜甘冽，中味温润顺口，后味余味醇香。

②调饮。

a. 加水：将伏特加倒入古典杯中，缓缓倒入水。

b. 鸡尾酒调饮：伏特加引起无色无味的特点，是调制鸡尾酒的理想基酒，适用于各种经典鸡尾酒，如莫斯科骡子、血腥玛丽、黑俄罗斯等。

4. 伏特加侍酒服务注意事项

伏特加的最佳饮用温度因个人口味和饮用习惯而异。在尝试不同的温度后，可以根据自己的喜好选择最适合自己的饮用温度。同时，无论选择哪种温度，都应注意适量饮用，以保持健康的生活方式。

知识巩固

1. 伏特加的主要原料有________、________。
2. 伏特加的最佳饮用温度是________。
3. 雪树伏特加产自________。
4. 请列举4个伏特加品牌并简述其特点。
5. 请简述伏特加的服务流程。

知识延伸 ▶ 伏特加的配餐

伏特加作为一种无色无味的蒸馏酒，纯净的口感和温和的酒度使其成为搭配多种食物的理想选择。

1. 海鲜类

伏特加的清爽口感和纯净度使其成为搭配海鲜的理想之选。无论是新鲜生蚝、烤鱼、龙虾还是简单的鱼子酱，伏特加的中性特性都能与海鲜的鲜美口感相互衬托，带来独特的口味体验。例如，冰镇伏特加与腌鱼或海鲜的搭配，能够凸显出海鲜的鲜美，同时伏特加的清爽也能平衡海鲜的油腻感。

2. 肉类与烤肉

伏特加同样适合与烤肉搭配。烤牛肉、烤羊肉或烤鸡肉等肉类食品，通过融合肉类的鲜嫩口感和伏特加的单宁度，可以产生绝妙的效果。在商务宴请中，可以选择高档的伏特加和烤肉搭配，以提升宴会的档次和品位。

3. 蔬菜与沙拉

伏特加的纯净度能够与清爽的蔬菜沙拉和凉菜相互融合。例如，将伏特加与西式凉拌菜、凉拌海带丝或简单的酸辣黄瓜相搭配，既能增添口感的层次感，又能提升整体的饮食体验。此外，冰镇伏特加与烤蔬菜的搭配也是不错的选择，可以突出蔬菜的清爽口感。

4. 零食与开胃菜

对于伏特加来说，咸味的零食和开胃菜也是完美的伴侣。比如，坚果混合物、腌制的橄榄、熟食肉类和咸味饼干等。它们的咸味和丰富的口感可以平衡伏特加的口感，使整个品尝过程更加愉悦。

5. 水果与甜点

伏特加与水果的搭配一直都是经典中的经典。特别是柑橘类水果（如柠檬、橙子）和浆果（如草莓、蓝莓），可以将伏特加倒入装满水果的杯子中搅拌均匀，让伏特加的清香与水果的酸甜相融合，带来清新的口感。此外，伏特加还可以与巧克力甜点搭配，如黑俄罗斯鸡尾酒适合搭配巧克力甜点，能够共同创造出一种深邃而复杂的口感层次。

6. 鸡尾酒配餐

伏特加常用于调制各种鸡尾酒，如黑俄罗斯、血腥玛丽等。这些鸡尾酒在配餐上也有着丰富的选择余地。例如，血腥玛丽适合搭配早午餐和海鲜，能够增添餐点的风味和口感。

任务5
朗姆酒服务

一、朗姆酒的起源与发展

朗姆酒又称海盗之酒，其起源可以追溯到17世纪的大航海时代，当时欧洲的船队在世界各地的海洋上航行，并将甘蔗这种原产于印度的植物带到了加勒比海地区。在加勒比海地区，特别是巴巴多斯岛，甘蔗种植业非常繁荣，大量的甘蔗汁被用于制作各种食品和饮品。当地的土著和后来的欧洲移民发现，通过发酵和蒸馏甘蔗汁或甘蔗的副产品（如糖蜜），可以得到一种口感独特、香气浓郁的酒，这就是朗姆酒的雏形。

随着时间的推移，朗姆酒的制作工艺逐渐完善，其品质也得到了极大的提升。同时，随着世界航海技术的进步以及欧洲各国殖民地政府的推进，朗姆酒在世界上广泛传播，并逐渐成为全球范围内广受欢迎的饮品。特别是在欧洲、北美以及拉丁美洲等地，朗姆酒拥有广泛的消费群体。

二、朗姆酒的定义与分类

（一）朗姆酒的定义

朗姆酒是以甘蔗汁、甘蔗糖蜜、甘蔗糖浆或其他甘蔗加工产物为原料，经过发酵、蒸馏、陈酿、调配而成的蒸馏酒。

（二）朗姆酒的分类

1. 根据颜色分类

（1）白朗姆酒　又称银朗姆酒或浅色朗姆酒，未经陈化或陈化时间较短，蒸馏后经过活性炭过滤，除去杂味，直接装瓶。无色或淡色，最适合用来调制鸡尾酒。

（2）金朗姆酒　介于白朗姆酒和黑朗姆酒之间，呈琥珀色或金色。只经过短时间陈放，橡木桶会对它的呈色及风味产生些许影响。也有说法认为金朗姆酒由白朗姆酒和黑朗姆酒两种酒混合而成，偏向白朗姆酒的称为清淡型，偏向黑朗姆酒的称为浓烈型。

（3）黑朗姆酒　又称深色朗姆酒或红朗姆酒，通常会在装过白兰地或波本威士忌的橡木桶中陈化老熟很长一段时间。适宜细品，不过选择时需要谨慎，因为有些会添加焦糖色料或糖蜜添加物染色。

2. 根据原料分类

（1）淡朗姆酒　无色、味道清淡，是鸡尾酒基酒和兑和其他饮料的原料。

（2）中性朗姆酒　生产时加水在糖蜜上使其发酵，然后仅取出浮在上面的澄清的汁液蒸馏、陈化。出售前用淡朗姆酒或浓朗姆酒兑和至合适程度。

（3）浓朗姆酒　在生产过程中，先让糖蜜放2～3天发酵，然后加入蒸馏留下的残渣或甘蔗渣，使其再次发酵。有的要加入其他香料汁液，放在单式蒸馏器中蒸馏出来后，注入内侧烤过的橡木桶中储存数年。

知识链接 ▶ 海盗之酒的意外诞生

在1637年的一个阳光灿烂的日子里，荷兰人彼得·布洛尔驾驶着他的船只，满载着从印度带来的一种珍贵植物——甘蔗，抵达了加勒比海地区的巴巴多斯岛（图4-33）。这个行为不单是一次简单的植物迁移，它代表了一个全新时代的开启，一个在历史上留下深刻印记的时刻。甘蔗的引入不仅改变了巴巴多斯岛的农业生产面貌，更是在全加勒比海地区掀起了一场深远的农业革命。甘蔗种植业繁荣，创造就业，促进经济。甘蔗加工产业兴起，蔗汁熬制成糖。甘蔗残渣、糖蜜和糖稀等副产品通过发酵、再经过提炼蒸馏并勾兑其他酒水后，一种全新的饮品——朗姆酒便诞生了。

在欧洲大航海时代，随着海洋探索的不断深入，海员们面临着种种挑战，其中之一便是船上淡水供应的问题。由于当时的科技手段有限，长时间储存的淡水很快会因为藻类的生长和微生物的繁殖而变质，产生恶臭，变得不适合饮用。这对长途航行的海员们来说是一个严重的问题，因为淡水是船员生存的基本需求之一，而朗姆酒成了救星。在那个时代，朗姆酒不仅是一种酒精饮品，更是航海探险中的生存工具，它的重要性在海上航行中不可替代。

图4-33 巴巴多斯岛的甘蔗田

三、朗姆酒的酿造

（一）酿造朗姆酒的原料

酿造朗姆酒的主要原料是甘蔗及其加工产物，具体包括甘蔗汁、甘蔗糖蜜和甘蔗糖浆等。

（二）朗姆酒的酿造过程

榨汁→澄清→发酵→蒸馏→陈酿→勾兑→装瓶

四、朗姆酒名品

（一）百加得（Bacardi）

百加得创立于1862年的古巴，是世界较大的家族私有的烈酒厂商，也是全球销量较高的高档烈性洋酒品牌（图4-34）。百加得朗姆酒以其纯净的口感和独特的香气而闻名，适合作为调酒基酒，也可以单独饮用。

（二）摩根船长（Captain Morgan）

摩根船长创建于1944年，是一款富有强烈岛国风味的朗姆酒品牌，现隶属于帝亚吉欧集团旗下（图4-35）。

图4-34 百加得

图4-35 摩根船长

摩根船长朗姆酒以甘蔗作为主要原料，口感浓郁，带有淡淡的烟熏味，非常适合调制鸡尾酒。

（三）哈瓦那俱乐部（Havana Club）

哈瓦那俱乐部始创于1878年的古巴，现隶属于保乐力加集团旗下，是世界上快速发展的朗姆酒之一，也是古巴朗姆酒的代表品牌（图4–36）。哈瓦那俱乐部朗姆酒以其深邃浓郁的古巴特色而著称，口感清爽，带有独特的芳香。

（四）唐Q（DonQ）

唐Q创始于1865年的波多黎各，于1934年正式面向市场推出，是世界畅销的朗姆酒品牌之一（图4–37）。唐Q朗姆酒在美洲白橡木酒桶中储藏，使酒更加醇厚，口感丰富。

图4–36　哈瓦那俱乐部

图4–37　唐Q

五、朗姆酒的品鉴

（一）观其色

准备一只老式古典杯，加入一定量的朗姆酒，举杯齐眉观色。不同类别的朗姆酒酒色完全不同。淡朗姆酒无色；中性朗姆酒呈浅黄到金黄色；浓朗姆酒色泽金黄、深红。优质酒体均清澈，无沉淀物。

（二）闻其香

举杯放在鼻子底下，轻轻感受杯中散发的香气。朗姆酒香气带有蔗糖的甜味，介于冰糖水和红糖水之间。白朗姆酒香气适中，黑朗姆酒、金朗姆酒较白朗姆酒香气浓郁。经过橡木桶陈酿的黑朗姆酒、金朗姆酒还会有椰子、杏仁、核桃等坚果的香气。

（三）品其味

品尝时，嘴巴吸气，鼻子吐气，让气味充满鼻腔。朗姆酒入口后，酒体饱满，柔和顺滑，刺激感极弱。虽然在口中没有甜味，但回味时会感受到淡淡的苦味，鼻腔中充满了糖浆的气息。白朗姆酒口感清淡，酒精味较重；金朗姆酒香气浓郁，略有甜味；黑朗姆酒味道芳醇，有成熟的气息和淡淡的烟熏、烘烤的坚果味道。

六、朗姆酒的储存与服务

（一）朗姆酒的储存

1．避光

阳光直射会加速朗姆酒的陈化过程，并可能影响其味道和口感。因此，应将朗姆酒储存在避光的地方，避免阳光直射。可以选择使用深色瓶子或在瓶子上覆盖防晒材料来减少光线的影响。

2. 避热

过高或过低的温度都可能影响朗姆酒的品质。应将朗姆酒储存在稳定的温度下，以确保其缓慢而均匀地陈化。一般来说，适宜的储存温度应在15～25℃。避免将朗姆酒存放在极端温度的环境中，如暖气旁或冰箱内。

3. 避湿

湿度过高容易导致瓶中产生霉菌，影响朗姆酒的品质。因此，储存朗姆酒时应控制相对湿度在50%～70%，以保持酒液的稳定性和纯净度。

（二）朗姆酒侍酒服务

1. 最佳饮用温度

朗姆酒的最佳饮用温度为15～18℃，这个温度范围可以凸显朗姆酒的香气和口感，使其更加爽滑和浓郁。

2. 载杯选择

（1）子弹杯（Shot Glass） 也称烈酒杯，专为品饮烈酒而设计。

（2）古典杯（Old Fashioned Glass）或柯林杯（Collins Glass） 多用于朗姆酒的调饮。

3. 朗姆酒侍酒操作程序

（1）为客人展示所点的朗姆酒，确认其品牌、年份及产地等信息。

（2）客人认可后，询问饮用方式并开瓶，以下是三种常见的朗姆酒饮用方法。

①净饮：在生产朗姆酒的国家，人们多喝纯的、未加任何调和物的朗姆酒，认为朗姆酒的独特风味需要直接品味。

②加冰：酒度高的朗姆酒适合加入冰块降温后饮用，能更好地感受朗姆酒的独特香气和橡木桶赋予的成熟气息。

③调饮：朗姆酒是调制鸡尾酒的重要基酒之一，可以加入果汁、可乐、苏打水等饮品来调制，如经典的莫吉托、朗姆可乐、黛其利和飓风等。

4. 朗姆酒侍酒服务注意事项

对于不同类型的朗姆酒，最佳饮用温度也可能有所不同。例如，对于70°以上的浓烈型朗姆酒，加冰后饮用可以使其口感更加透凉，层次更加分明。而对于40%vol左右的酒度的清淡型朗姆酒，则更适合用苏打水、柠檬汁等进行调制，或者放入冰箱速冻层48小时后按1∶1的比例搭配橙汁饮用，这样的朗姆酒口感柔和且复杂，或者冰爽又富有层次。

知识巩固

1. 朗姆酒的主要原料有________、________、________。
2. 朗姆酒的最佳饮用温度是________。
3. 百加得朗姆酒产自________。
4. 请列举4个朗姆酒品牌并简述其特点。
5. 请简述朗姆酒的饮用方式。

知识延伸 ▶ 朗姆酒与海明威

美国作家海明威曾说："古巴的朗姆酒陶醉了我的肉体和灵魂。"

在古巴的夏湾纳，朗姆酒沸腾不羁的酒香，刺激着海明威写就了不朽名著《老人与海》。海明威向来以文坛硬汉著称，是美利坚民族的精神丰碑。海明威钟情于朗姆酒，其实是钟情于朗姆酒所蕴含的精神气质。朗姆酒这种诞生于盛产甘蔗的热带殖民地的烈酒从面世之日，就带着各种殖民地传说，与海盗、战争和军队相连。这也造就了朗姆酒与生俱来的野性十足、霸气张扬的精神气质，具有冒险精神的人都喜欢用朗姆酒作为他们的饮料。朗姆酒与其说是海明威的饮品，不如说是海明威的精神伴侣。而正是在朗姆酒的陶醉下，海明威才能灵感迸发写出不朽著作。

任务6 特基拉酒服务

一、特基拉酒的起源与发展

特基拉酒属于龙舌兰酒，是墨西哥的国酒，其起源可以追溯到16世纪，当时葡萄酒蒸馏成的白兰地工艺已经流行开来。据说，一位西班牙军官将白兰地工艺应用于墨西哥当地的一种饮品，并将其命名为"vino-mescal de tequila"。直到1875年，这种酒的名字才被缩短为"Tequila"（特基拉）。

特基拉酒作为墨西哥的国酒，不仅在墨西哥深受喜爱，还逐渐走向国际市场，成为世界各地人们品尝的佳酿。墨西哥政府对于特基拉酒品质的控制十分严格，只有使用蓝色龙舌兰作为原料，并通过特基拉规范委员会检验确认的产品，才有资格在酒标上标示"100% Blue Agave"。这一规定确保了特基拉酒的品质和独特性。

二、特基拉酒的定义与分类

（一）特基拉酒的定义

特基拉酒是以龙舌兰为原料，经过发酵、蒸馏、陈酿、勾兑而成蒸馏酒。

（二）特基拉酒的分类

1. 根据原料分类

（1）特基拉（Tequila） 使用蓝色龙舌兰作为原料制作，是特基拉酒中最具代表性的类型。

（2）梅兹卡尔（Mezcal） 使用其他种类的龙舌兰制作，与特基拉相比，梅兹卡尔的口感和香气更为独特。

（3）普利克（Pulque） 由发酵的龙舌兰汁制作，是一种传统的墨西哥饮品，与特基拉和梅兹卡尔在制作方法和口感上有所不同。

2. 根据陈年时间分类

（1）白色特基拉（Blanco或Plata） 又称银色特基拉，未经陈酿或陈酿时间不超过30天，无色透明，辛辣且风味十足。

（2）金黄色特基拉（Joven Abocado或Oro） 由51%蓝龙舌兰加上49%香料制成，陈酿时间不超过30天，带有焦糖般的金色，口感柔顺且带有甜味。

（3）特级特基拉（Reposado） 100%蓝龙舌兰制作，微陈年，陈酿时间在60天到1年之间，带有橡木香，口感较为醇香。

（4）特级陈年特基拉（Añejo） 100%蓝龙舌兰制作，陈年1～3年，焦糖色，风味有层次，口感柔和。

（5）特级超陈年特基拉（Extra Añejo） 100%蓝龙舌兰制作，特级超陈年一般以4～5年为最佳，深焦糖色，香气鲜明，口感柔和醇香。

知识链接 ▶ 龙舌兰虫子酒——梅斯卡尔酒（Mezcal）

在墨西哥瓦哈卡当地有句关于梅斯卡尔酒的俗语："无论开心难过，都喝梅斯卡尔；没有什么事情是一瓶梅斯卡尔酒解决不了的，如果有，那就来一升半。"可见，梅斯卡尔酒是墨西哥人的灵魂，说是墨西哥的"国酒"也不为过。

梅斯卡尔酒的历史可以追溯到墨西哥的前殖民时期。在14～16世纪的阿兹特克帝国时期，当地土著就已经从龙舌兰心中提取甜液进行发酵，制成一种名为"Pulque"的微酸浑浊酒精饮料，和我们的醪糟有点相似。1521年西班牙人征服墨西哥后，他们引入了蒸馏技术，将"Pulque"转化为一种更为强烈的烈性酒，称为梅斯卡尔酒。

在梅斯卡尔酒里加入虫子是非正常做法，最初是一些商家的营销手段。在20世纪中期，由于墨西哥经济落后和市场不规范，一些商家为了能把劣质的梅斯卡尔酒卖出去，就开始故意在酒里加虫子，声称这样就可以增加酒的特色风味和口感。最早出现这一做法的是在1940年，墨西哥城的纳唯萨公司里的一名装瓶工，在工作时无意中发现一条虫钻进酒瓶里，便灵机一动决定把这作为一个卖点。而事实证明，这一做法大获成功，让不少人认为泡了虫子的梅斯卡尔酒更有异调风情，更别具风味。在一些电影中也会看到，酒保将梅斯卡尔酒和虫子一起倒进子弹杯中，并用火焰调制，受火焰加热后，能够使虫子像生前一样在杯中摆动。直到现在还有很多人认为只有泡了虫子的梅斯卡尔酒才是正宗的，甚至认为泡的虫子颜色越深就越正宗（图4-38）。

图4-38 装有虫子的梅斯卡尔酒

三、特基拉酒的酿造

（一）酿造特基拉酒的原料

特基拉酒的主要原料是蓝色龙舌兰（Blue Agave）植物的心部（图4-39），这种植物需要长达数年的时间才能成熟。

（二）特基拉酒的酿造过程

采收→糖化→发酵→蒸馏→陈酿→勾兑→装瓶

图4-39 龙舌兰

四、特基拉酒名品

（一）索查（Sauza）

索查以散发新鲜酒香而闻名，由1873年墨西哥人创建的索查（Sauza）酒厂生产。索查牌特基拉一直沿用传统方法生产，并因保持最完美的品质而享有盛誉（图4-40）。

（二）奥美嘉（Olmeca）

奥美嘉是墨西哥西格兰公司为开拓墨西哥市场而推出的豪华型产品，需经过2年以上的陈酿方能上市。该酒的标志图案取自墨西哥最古老的奥尔梅克（Olmeca）文化的图腾，具有深邃的文化内涵（图4-41）。

（三）唐·胡里奥（Don Julio）

唐·胡里奥被描述为一种复杂、丰富、光滑、美妙的龙舌兰酒，具有典型的味道，值得品尝和欣赏。唐·胡里奥于1942年由同名的唐·胡里奥推出，但目前由其母公司帝亚吉欧（Diageo）出售（图4-42）。

（四）豪帅快活（Jose Cuervo）

豪帅快活酒厂始建于1795年，是墨西哥历史悠久的企业，同时也是世界重要的龙舌兰生产商。豪帅快活作为世界上销量最佳的龙舌兰酒，占据了全球龙舌兰酒市场五分之一的份额，产品在全球90多个国家和地区销售，是公认的热门选择。豪帅快活以酿制优质橡木桶陈年的龙舌兰酒而著称，其银龙舌兰酒是没有经过橡木桶储藏或仅经2个月以内橡木桶储藏的酒，酒体为透明或淡黄色，酒香比较直接爽快，口感清冽火辣，适合兑果汁汽水调配成鸡尾酒饮用（图4-43）。

图4-40 索查

图4-41 奥美嘉

图4-42 唐·胡里奥

图4-43 豪帅快活

五、特基拉酒的品鉴

（一）观其色

准备一只老式古典杯，加入一定量的特基拉酒，举杯观色。不同类别的特基拉酒色完全不同。

（二）闻其香

轻转酒杯，然后深深地嗅一下，留意酒香的微妙变化。嘴巴微张，让酒精挥发出丰富味道的层次。

（三）品其味

喝上一口，注意适量，让酒在舌头上打几个滚，享受特基拉酒的美妙。

六、特基拉酒的储存与服务

（一）特基拉酒的储存

1. 避光

阳光直射会加速特基拉酒的陈化过程，并可能影响其味道和口感。因此，应将特基拉酒储存在避光的地方，避免阳光直射。可以选择使用深色瓶子或在瓶子上覆盖防晒材料来减少光线的影响。

2. 避热

过高或过低的温度都可能影响特基拉酒的品质。应将特基拉酒储存在稳定的温度下，以确保其缓慢而均匀地陈化。一般来说，适宜的储存温度应在15～25℃。避免将特基拉酒存放在极端温度的环境中，如暖气旁或冰箱内。

3. 避湿

湿度过高容易导致瓶中产生霉菌，影响特基拉酒的品质。因此，储存特基拉酒时应控制相对湿度在50%～70%，以保持酒液的稳定性和纯净度。

（二）特基拉酒侍酒服务

1. 最佳饮用温度

特基拉酒的最佳饮用温度并没有一个固定的标准，因为不同人对温度的喜好可能有所不同。然而，一般来说，将特基拉酒稍微冰镇后饮用，可以使其口感更加清爽，并凸显其独特的风味。具体来说，一些品酒师和爱好者建议将特基拉酒冷藏至10～15℃再饮用，这样可以更好地品尝到其细腻的口感和香气。不过，也有人喜欢将特基拉酒加入一些冰块后饮用，这样可以降低酒精的刺激感，同时增加一些清凉感。

2. 载杯选择

（1）子弹杯（Shot Glass） 也称烈酒杯，专为品饮烈酒而设计。

（2）古典杯（Old Fashioned Glass）或柯林杯（Collins Glass） 多用于特基拉酒的调饮。

3. 服务程序

（1）为客人展示所点的特基拉酒，确认其品牌、年份及产地等信息。

（2）客人认可后，询问饮用方式并开瓶，以下是特基拉酒常见的三种饮用方法。

①净饮：将特基拉酒在常温或冷冻后纯饮，口感特别清爽。

②特基拉酒+盐+柠檬角：将盐撒在手背靠近大拇指的地方，舔一下盐，再咬一口柠檬角，最后喝一口特基拉酒。这种喝法能够突出特基拉酒的咸鲜口感和柠檬的酸味，非常经典。

③调饮：以特基拉酒为基酒，加君度（Cointreau）和柠檬汁可调配成著名的玛格丽特（Margatita）鸡尾酒。

4. 特基拉酒侍酒服务注意事项

品鉴特基拉酒需要一定的专业知识和技巧，但更重要的是享受品鉴过程带来的愉悦和满足。通过不断尝试和学习，可以逐渐掌握品鉴特基拉酒的精髓，并发现更多喜欢的品牌和口味。

知识巩固

1. 特基拉酒按原料可分为__________、__________、__________。
2. 特基拉酒的主要原料是__________。
3. 豪帅快活产自__________。
4. 请列举4个特基拉酒品牌并简述其特点。
5. 请简述特基拉酒的饮用方式。

知识延伸 ▶ 特基拉小镇：墨西哥龙舌兰酒的摇篮

龙舌兰酒是墨西哥的国酒，也被誉为墨西哥的灵魂。在距离墨西哥第二大城市瓜达拉哈拉市西北约50千米的地方，坐落着一座名为特基拉的小镇。特基拉是当地土著语言，意思是“劳作的地方”，这座小镇以盛产一种极具特色的蓝色植物“龙舌兰”著称，因此这座小镇又被称为“龙舌兰小镇”，它是墨西哥乃至世界各国爱酒人士的心之所向。

2006年，特基拉小镇“龙舌兰景观和特基拉的古代工业设施”被联合国教科文组织世界遗产委员会批准作为文化遗产列入《世界遗产名录》。

任务7 中国白酒服务

一、中国白酒的起源与发展

中国白酒，又名烧酒、老白干。关于中国白酒的起源，学界尚存争议。但以下几种说法较为流行，唐代诗词中已有关于烧酒（即白酒）的记载，如白居易的“荔枝新熟鸡冠色，烧酒初开琥珀香”诗句，表明烧酒在唐代已经出现并较为普及。此外，唐代还出现了固态法蒸馏酒技术，进一步推动了白酒的发展。医药学家李时珍在《本草纲目》中明确提到“烧酒非古法也，自元时始创其法”，这反映了元代时期白酒制作技术的创新和发展。元代白酒的酿造技术更加成熟，大曲发酵、甑桶蒸馏等传统工艺开始形成并传承至今。

二、白酒的定义与分类

（一）白酒的定义

白酒是以粮谷为主要原料，以大曲、小曲、麸曲、酶制剂及酵母等为糖化发酵剂，经蒸煮、糖化、发酵、蒸馏、陈酿、勾调而成的蒸馏酒。

（二）白酒的分类

1. 根据糖化发酵剂划分

（1）大曲酒　使用大曲作为糖化发酵剂酿制而成。大曲是以小麦、大麦或豌豆为原料，经过粉碎、压制成块，并在特定的温度和湿度条件下培养而成的富含微生物和酶的制剂。

（2）小曲酒　以小曲为糖化发酵剂。小曲也称为酒药、白药或酒饼，通常以米粉（米糠）为原料，添加少量中药或辣蓼草，并接种曲母，在人工控制的温度下进行培养。

（3）麸曲酒　以麸曲为糖化剂，加酒母发酵酿制而成。麸曲是采用纯种霉菌菌种，以麸皮为原料，在人工控制的温度下进行培养而成的。

（4）混合曲酒　采用大曲、小曲、麸曲等两种或两种以上的糖化发酵剂。这种混合使用的方式可以充分利用各种糖化发酵剂的优势，提高白酒的品质和风味。

2. 根据生产工艺划分

（1）固态法白酒　以粮谷为原料，经酒醅固态发酵、储存、勾兑而成。固态法白酒大都香气浓郁，口感柔和，绵甜净爽，余味悠长。

（2）液态法白酒　以谷类、薯类、糖蜜等为主要原料，经液态法发酵蒸馏而得的食用酒精为基酒，再经串香、勾兑而成的白酒。液态法白酒一般没有固态法白酒那么好的香气和口感。

（3）固液法白酒　采用固态发酵、液态蒸馏工艺酿制而成的白酒。

3. 根据香型划分

中国白酒香型一共有12种，本书主要介绍6种最常见的香型。

（1）酱香型白酒　以高粱、小麦为原料，经发酵、蒸馏、储存、勾兑酿制而成，具有酱香型特点的蒸馏酒。酒色微黄而透明，酱香、焦香、糊香配合协调，口味细腻，空杯留香持久，以茅台为代表。

（2）浓香型白酒　以粮谷为原料，经固态发酵、储存、勾兑酿制而成，具有以乙酸乙酯为主体的复合香气的蒸馏酒，以五粮液、泸州老窖特曲等为代表。

（3）清香型白酒　以粮谷等为主要原料，经糖化、发酵、储存、勾兑酿制而成，具有以乙酸乙酯为主体的复合香气的蒸馏酒，以山西汾酒为代表。

（4）米香型白酒　以大米为原料，经半固态发酵、蒸馏、储存、勾兑酿制而成，具有小曲米香特点的蒸馏酒。口味柔和，蜜香清雅，入口绵甜，后味怡畅，以桂林三花酒为代表。

（5）兼香型白酒　以谷类为主要原料，经发酵、储存、勾兑酿制而成，具有浓香兼酱香独特风格的蒸馏酒，以湖北白云边、四川郎酒等为代表。

（6）豉香型白酒　以大米、大酒饼和肥猪肉为原料酿造而成，微陈年，陈酿时间在60天到1年之间，带有橡木香，口感较为醇香，以顺德玉冰烧为代表。

知识链接 ▶ 80年代以来白酒香型的流行趋势

1. 清香型时代（1986—1993年）

在这个阶段，白酒行业开始注重香型的分类和研发。汾酒成为销售收入之王，是中国有香型之后的第一个王者“汾老大”。同时，国家也举办了多次评酒会，推动了白酒行业的发展。

2. 浓香型时代（1994—2012年）

五粮液等浓香型白酒的销量和市场份额逐渐增加，成为白酒行业的领军企业。在这个阶段，白酒行业也经历了多次调整和高速发展期。

3. 酱香型时代（2013年至今）

以茅台为代表的酱香型白酒逐渐崛起，成为白酒市场的新宠。同时，随着消费升级和全球化的推进，白酒企业也开始积极拓展国际市场并推出符合国际口味的新产品。

三、白酒的酿造

（一）酿造白酒的原料

白酒的主要原料是粮谷（高粱、小麦、玉米、大麦和稻米）等。在酿造白酒的过程中，还需要使用一些辅料来调剂糟醅的淀粉浓度、冲淡或提高酸度、吸收酒精、保持浆水，并可以使糟醅有一定的疏松度和含氧量，增加接触面积，从而使蒸煮、糖化、发酵和蒸馏顺利进行。常用的辅料有稻壳、谷糠、高粱壳、玉米心、鲜酒糟、高粱糠、玉米皮、花生皮、禾谷类秸秆的粉碎物等，同时还有酒曲和水。

（二）白酒的酿造过程

蒸煮→糖化→发酵→蒸馏→陈酿→勾兑→装瓶

四、白酒十大品牌

（一）茅台

茅台产自中国贵州省仁怀市茅台镇，以其酱香突出、优雅细腻、酒体醇厚、回味悠长的独特风味著称（图4-44）。

（二）五粮液

五粮液产自四川宜宾，以高粱、大米、糯米、小麦、玉米五种粮食为原料，采用传统工艺酿制，口感醇厚，香气浓郁（图4-45）。

（三）汾酒

汾酒产自山西汾阳市杏花村，属于清香型白酒，以其清澈透明、香气纯正、口感清爽而著称（图4-46）。

图4-44 茅台

图4-45 五粮液

（四）泸州老窖

泸州老窖产自四川泸州，以其独特的窖香和悠久的酿造历史而闻名，属于浓香型白酒（图4-47）。

（五）剑南春

剑南春产自四川绵竹，属于浓香型白酒，口感醇厚、香气优雅（图4-48）。

（六）郎酒

郎酒产自四川古蔺，属于酱香型白酒，酱香独特、层次丰富（图4-49）。

（七）西凤酒

西凤酒产自陕西宝鸡，属于凤香型白酒，以其香气独特、口感醇厚而著称（图4-50）。

（八）董酒

董酒产自贵州遵义，属于董香型白酒，香气独特、口感丰富多变（图4-51）。

（九）古井贡酒

古井贡酒产自安徽亳州，属于浓香型白酒，以其醇厚的口感和悠久的酿造历史而著称（图4-52）。

（十）洋河大曲

洋河大曲产自江苏宿迁，属于浓香型白酒，以其绵柔的口感和优雅的香气而受到消费者的喜爱（图4-53）。

五、白酒的品鉴

（一）观其色

品鉴白酒的第一步是观察酒液的色泽。好的白酒色泽清澈透明，无悬浮物和沉淀物。在观察时，可以将酒杯放在白色背景下，轻轻晃动酒杯，观察酒液的流动速度和挂杯情况。一般来说，酒液流动速

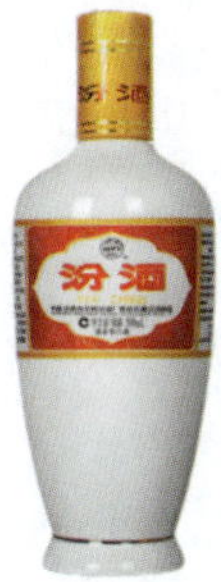

图4-46 汾酒

图4-47 泸州老窖

图4-48 剑南春

图4-49 郎酒

图4-50 西凤酒

图4-51 董酒

图4-52 古井贡酒

图4-53 洋河大曲

度越慢，挂杯越明显，说明酒的质量越好。同时，还可以观察酒液的色泽和光泽，优质白酒的色泽一般是微黄或无色透明，光泽柔和。

（二）闻其香

闻香是品鉴白酒的关键步骤之一。优质白酒的香气独特，包括窖香、粮香、曲香、陈香等多种香气。在闻香时，应将酒杯放在鼻子下方，轻轻吸气，让酒香自然进入鼻腔。同时，可以轻轻晃动酒杯，使酒香更加充分地散发出来。在闻香过程中，要注意分辨各种香气的特点和比例，从而判断酒的品质和风格。

（三）品其味

品味是品鉴白酒的核心环节。在品味时，应将少量酒液含在口中，用舌头轻轻搅动，让酒液充分接触口腔的各个部位。品味过程中，要关注酒液的口感、味道和余味。口感方面，优质白酒口感醇厚、绵甜、柔和，无刺激感；味道方面，白酒的味道丰富多样，包括甜、酸、苦、辣、涩等多种味道，这些味道相互协调，形成独特的口感；余味方面，优质白酒余味悠长，回味无穷，令人陶醉。

（四）评其质

评酒是品鉴白酒的最后一步，也是对整个品鉴过程的总结。在评酒时，需要综合考虑观色、闻香、品味等各方面的感受，对白酒的整体品质作出评价。评价时，可以关注白酒的风格特点、香气强度、口感平衡、余味持久性等方面。同时，还可以结合自己的喜好和经验，对白酒的优缺点进行客观评价。

六、白酒的储存与服务

（一）白酒的储存

1．温度

白酒的储存温度应保持在较为稳定的范围内，最好维持在10～30℃，或更理想的12～15℃。温度过高会使白酒加速氧化，产生异味；温度过低则可能使白酒中的物质结晶，影响口感。同时，应避免剧烈的温度波动。

2．湿度

储存环境的湿度也很重要，理想的湿度在60%～70%。湿度过低可能导致瓶盖干燥、密封效果下降，让更多的空气与酒接触，加速酒的氧化。

3．光线

白酒应存放在阴暗的地方，避免阳光直射，特别是紫外线，因为紫外线会破坏酒中的成分，影响酒的品质。

4．通风与异味

储存环境应保持通风良好，避免异味的影响。白酒具有较强的吸附性，容易吸收周围环境中的异味，因此应远离樟脑丸、香水、化妆品等具有强烈刺激性气味的物品。

（二）白酒侍酒服务

1. 最佳饮用温度

白酒的最佳饮用温度因白酒的香型和个人口味偏好而有所不同，白酒中含有上千种微量物质，温度对其口感及风味的影响是巨大的。通常认为，白酒的最佳饮用温度在18～25℃。在这个温度范围内，白酒的风味和口感最佳，香气和口感能够得到较好地展现，使得品饮体验更加愉悦。

2. 载杯选择

（1）传统白酒杯　这种杯形较为常见，杯口略大，有利于酒香的散发和聚集。品鉴者可以更好地感受到白酒的馥郁芬芳。

（2）白酒品鉴杯　此类杯子设计颇为讲究，底部较宽，上部逐渐收窄。这种设计不仅便于观察酒液的色泽，还能确保在倒酒时，杯子的上部留有充足的空间来聚集酒香。轻轻晃动间，酒液与空气充分交融，使得香气得以完全释放，令人陶醉。因此，白酒品鉴杯是品酒师及白酒爱好者的理想之选。

3. 白酒侍酒操作程序

（1）迎接客人与了解需求　以热情友好的态度迎接客人，引导客人就座。询问客人的饮酒需求和偏好，包括白酒的品牌、香型、度数以及是否有特殊需求。

（2）展示与介绍白酒　将白酒瓶展示给客人，介绍白酒的品牌、产地、年份、香型等信息。让客人观察白酒的颜色、透明度和挂杯情况，进一步了解白酒的品质。

（3）开酒与醒酒（如需要）　使用开瓶器小心地打开白酒瓶，避免酒液溅出。检查瓶口是否有碎屑，并用干净的布擦拭干净。

根据白酒的类型和年份，决定是否需要醒酒。如需醒酒，将白酒倒入醒酒器中，让其与空气接触一段时间，以提升口感和香气。

（4）斟酒与品酒　站在客人的右侧，按照先主宾后其他客人的顺序进行斟酒。白酒一般要斟至酒杯的八分满，表示对客人的尊重和热情，但也不能溢出酒杯。提醒客人品尝白酒时，可以先闻香，再品尝口感。

（5）关注客人饮酒情况　在客人饮酒过程中，及时为客人添加白酒，避免过度倒酒，尊重客人的饮酒意愿。观察客人的饮酒情况，如发现客人饮酒过量，应及时提醒客人，并提供相应的帮助。

（6）结账与送别　当客人结束用餐时，及时为客人结账，并向客人介绍白酒的价格和收费标准，确保客人清楚明白。以礼貌热情的态度送别客人，感谢客人的光临，并提醒客人注意安全。

4. 白酒侍酒服务注意事项

（1）服务人员应具备一定的白酒知识，能够回答客人关于白酒的问题。

（2）在斟倒白酒时，要注意安全，避免白酒瓶碰撞到客人或其他物品。

（3）尊重客人的隐私和个人喜好，不要强行推销白酒或其他产品。

知识巩固

1. 白酒按生产工艺可分为__________、__________、__________。

2. 白酒的主要原料是________________。
3. 汾酒产自________________。
4. 请列举5个白酒品牌并简述其特点。
5. 请简述白酒的服务方式。

知识延伸 ▶ 白酒出海——中国白酒国际化的必由之路

1915年，巴拿马万国博览会在美国旧金山举办，中国白酒首次扬帆出海，闪耀世界舞台；2002年，伴随中国加入世界贸易组织（WTO）的时代大潮，中国白酒以其独特的文化魅力抵达全球人民的餐桌；2013年，乘着“一带一路”的东风，中国白酒凭借千年的传承、国宝级的工艺、独特的文化、优质的产品，开启中国白酒国际化发展的新征程。

“如何让悠久深厚的中国酒文化传播到世界各地，向世界讲好中国白酒故事，是中国白酒国际化的首要任务。”中国酒业协会理事长宋书玉在致辞中指出，中国白酒走出国门，实现国际化，是中国白酒产业共同的理想。中国白酒国际化更重要的含义在于中国文化、生活方式的国际化，中国酒文化的核心分享和表达的国际化，美酒为美好生活增添快乐的国际化。文化是美酒的灵魂，酒文化承载着中华五千年悠久的历史，承载着民族精神，美酒文化流淌在中国人的血液中，名酒应该肩负起开拓国际蓝海的使命。据了解，2017年，在中国酒业协会牵头下，成立了白酒文化国际推广委员会。经过多年努力，已在法律法规、贸易规则、产品属性、标准与标识、品饮方式、文化传播等多方面，进行了卓有成效的努力。

从首次扬帆“出海”，到如今荣耀“入海”，对文化的坚守，是中国白酒扬帆世界的底气与追求。而今天，中国白酒相聚于此，正是顺应了时代潮流，从“一带一路”新时代交汇点，踏上全球征途。

项目五
配制酒

项目导读

在调酒的世界里，配制酒宛如一颗璀璨的明珠，散发着独特魅力，本项目将带你深入探索配制酒的奥秘。配制酒是以成品酒或食用酒精为基酒，加入药材、香料等原料精心精制而成。从生产原理上看，白酒或食用酒精与药材、香料、植物等的浸泡、配制过程，其中发生的一系列生物或生化反应，赋予了配制酒独特的风味。

学习目标

知识目标

1. 了解开胃酒、甜食酒、利口酒、中国配制酒的起源。
2. 掌握常见的开胃酒、甜食酒、利口酒、中国配制酒的种类。

技能目标

1. 熟练提供开胃酒、甜食酒、利口酒、中国配制酒的饮用服务。
2. 熟练掌握开胃酒、甜食酒、利口酒、中国配制酒的储存。

素质目标

1. 培养学生对配制酒学习的热爱。
2. 培养学生热爱劳动和吃苦耐劳的精神。

任务1

开胃酒服务

一、开胃酒的起源与发展

开胃酒起源于欧洲，约20世纪初开始流入美国。开胃酒可以追溯到古埃及时代的圣经时代。16世纪，欧洲人用香料配合香草制作用于药学的调味烈酒。起初，这些调味酒口感非常苦，所以一开始的开胃酒生产商在酒里加入了葡萄酒使其稀释，经过稀释后的味道容易接受了很多。后来欧洲很多地方的人在饭前饮用开胃酒，用于刺激食欲。到了18世纪，饮品制造商“利口酒大师”（Maitre Licoristes）研究了大量的香料和草药的情况，不断尝试将这些材料以不同比例混合。到了19世纪，意大利托斯卡纳的卡米洛·内格罗尼伯爵在一次偶然的机会中，发现了一种以苦艾酒为基调的调和酒，也将其命名为内格罗尼（Negroni）。内格罗尼代表甜美需要苦涩来衬托，一杯敬回忆，一杯敬经历，酸甜苦辣患得患失一切尽在眼前，很快地也成为该地区开胃酒的主流。

二、开胃酒的定义与分类

（一）开胃酒的定义

开胃酒又称餐前酒。开胃酒（Aperitif）这个词来自法语单词“Aperie”，意为“Open（打开）”，泛指在餐前饮用，意思是“让你的胃为即将到来的美味佳肴做好准备”，增加食欲。开胃酒也特指以葡萄酒或蒸馏酒为基酒，加入各种香料，并具有开胃功能的酒。

（二）开胃酒的分类

1．味美思（Vermouth）

味美思是意大利文“Vermouth”的音译，又译威末酒、苦艾酒，主要成分是葡萄酒。它源于瑞士，是一名医生在200多年前发明的。他在最早期是用于治疗脑部活动有缺陷的患者。另一种主要成分是各种各样的配制香料。后来发展到用葡萄酒加入各色水果、草药植物和香料进行浸泡，发明出一种新酒品种“Wermut”（德语中“苦艾”的意思），也因此音译为“威末酒”。

（1）味美思的分类　味美思分为干型味美思、白型味美思、红型味美思和都灵味美思四类，主要以其中的含糖量来进行划分。

①干型味美思（Dry Vermouth）：含糖量不超过4%，酒度为18%vol左右，色泽呈淡白或淡黄色。

②白型味美思（White Vermouth，意大利文Bianco Vermouth，法文Blanc Vermouth）：含糖量为10%～15%，稍甜，色泽金黄，香气柔和，口味鲜香。

③红型味美思（Red Vermouth，意大利文Rosso Vermouth，法文Rouge Vermouth）：该酒加入焦糖调色，因此色泽棕红，含糖量约15%，较甜，酒色较深，琥珀色，香气浓郁。

④都灵味美思（Vermouth di Torino）：含糖量为12%～16%，颜色丰富多样，有红色系、琥珀色系、黄色系等。香味也各有特色，如草本香味、水果味和花香味。调香用量较大，香味浓郁。

（2）味美思的主要生产国及名品如下。

①意大利味美思（Italian Vermouth）：意大利都灵（Turin）地区所生产的味美思最有名，其风格要比法国味美思更具特色，主要品牌如马天尼（Martini），由意大利马天尼酒厂生产，马天尼酒厂是全球规模最大的味美思企业，位于意大利北部都灵城内，注册商标为MARTINI，产品质量优于70%的其余味美思市场，人们通常将马天尼味美思简称为“马天尼”。而甜马天尼红味美思酒是世界上第一款味美思酒，红味美思独特的颜色是因为添加焦糖这一工序产生的。马天尼主要有以下几种。

a．干马天尼（Dry Martini）：酒精含量为18%vol，无色，制作时加入了柠檬皮和小红莓，酒香浓厚。

b．半干马天尼（Bianco Martini）：酒精含量为16%vol，浅黄色，含有香兰素等香味成分。

c．甜马天尼（Sweet Martini）：酒精含量为16%vol，红色，具有明显的当归药香和焦糖香。

d．仙山露（Cimzamo）：产自意大利，创立于1754年的仙山露公司，采用优质葡萄酒加入众多香料调制而成。有干型、白色、红色三种。

e．干霞（Gancia）：干霞的味美思系列包括深红的甘甜型和清爽的不甜型。

f．卡帕诺（Carpano）：酒精含量为15%vol～18%vol，甜型含糖量为180克每升，干型含糖量为20克每升。生产工艺复杂，首先用芳香植物调制原酒，再低温冷冻10天，而后经过蛀藻土过滤，储存4～5个月后进行装瓶。

②法国味美思（French Vermouth）：法国的味美思按酒法规定，必须以80%的白葡萄酒为基酒，所用的芳香植物也以苦艾为主，成品酒含糖量较低。法国味美思在葡萄酒工业中已成为一个独立的酿造工业部门，其地位可与香槟酒、白兰地、威士忌相提并论。主要品牌产品如下。

a．香百利（Chambery）：香百利公司位于法国旗下，有两种苦艾酒知名度很高，红苦艾酒（Sweet Chambery），香气浓郁，酒精含量稍高，为18%vol；白苦艾酒（Extra Sec Chambery）口感更干，更锋利，辛辣，酒精含量和红苦艾酒差不多。

b．杜法尔（Duval）：制作时将植物香料切碎后，与原酒浸泡5～6天，静置澄清14天，再加入苦杏仁壳浸泡两个月而成。

c．诺瓦丽·普拉（Noilly Prat）：该品牌的味美思最有名气，其生产的干型诺瓦丽味美思是世界调酒师必备的材料之一。干型诺瓦丽·普拉是调酒师必备的材料之一。

③中国味美思：中国的味美思酒也在世界酒林中占有一席之地，是世界三大味美思之一。我国正式生产国际流行的“味美思”是从1892年烟台张裕葡萄酿酒股份有限公司创办开始的。张裕公司是我国生产“味美思”最早的厂家，时间已长达百年。

2．比特酒（Bitter）

比特酒，又称必打士，苦味突出，药味香浓，酒精含量为18%vol～45%vol。著名的品牌有金巴利、杜本纳、安德卜格等。

比特酒是以葡萄酒和食用酒精作基酒，添加各种苦味的花草及植物的茎、根、皮等制成。比特酒种类繁多，有清香型，也有浓香型；有淡色，也有深色。用于配制比特酒的调料主要是带苦味的草卉和植物的茎根与表皮，如阿尔卑斯草、龙胆皮、苦橘皮、柠檬皮等，著名的比特酒产于法国、意大利等国。

（1）比特酒的分类如下。

①按苦味和药味的浓度分类如下。

a．清香型：苦味和药味较淡，口感较为清爽。

b．浓香型：苦味和药味较浓，口感较为浓郁。

②按颜色分类如下。

a．浅色比特酒：颜色较浅，如淡金黄色、白色等。

b．深色比特酒：颜色较深，如深红色等。

③按用途分类如下。

a．开胃用比特酒：主要用于餐前饮用，增加食欲。

b．调味用比特酒：主要用于调制鸡尾酒，增添特殊风味。

④按产地分类如下。

a．意大利：如金巴利（Campari）、西娜尔（Cynar）、阿佩罗（Aperol）等。

b．法国：如杜本纳（Dubonnet）、安格特斯拉（Angostura）等。

c．德国：如安德卜格（Underberg）等。

d．美国：如一些特色品牌和调制饮品。

（2）比特酒的主要生产国及名品如下。

①金巴利：意大利生产，酒精含量为25%vol。通常以烈酒为基酒，配上独特的秘方，饮用时通常加苏打水和柠檬皮，或者和意大利甜味美思酒混合饮用。

②西娜尔（Cynar）：意大利生产，酒精含量为16.5%vol。该酒以葡萄酒配以蓟和多种草药提取的汁液调制而成，具有很浓的蓟味且微苦。冰凉后用作开胃酒。

③菲奈特·布兰卡（Fernet Branca）：意大利米兰生产，是意大利最有名的比特酒，酒精含量为40%vol～45%vol，味道甚苦，被称作“苦酒之王”，常用于调酒。由多种草木加植物根茎配制而成。

④安格斯特拉（Angostura）：中美洲的特利尼拉生产，酒精含量为44.7%vol，呈褐红色，具有悦人的药香，微苦而爽适，深受拉美各国饮用者喜爱，它通常以140毫升的小包装形式出售，是一种特别的苦酒，常用于调酒。

⑤飘仙一号（Pimms NO.1）：清爽、略带些甜，适合创作一些清新的饮品，酒精含量为25%vol，产自英国，由金酒加威末制作而成。此酒本身就是调制后的鸡尾酒，最常见的饮用方式是加七喜和雪碧。

⑥杜本纳（Dubonnet）：又可译为杜波内或者杜宝内。该酒产自法国巴黎，由白葡萄酒配以金鸡纳皮、奎宁皮及其他草药配制而成。酒精含量为16%vol，一般呈暗红色，药香浓，苦中带甜，具独特的风格。有红色和白色两种，以红色最为著名。美国也有杜本纳的生产。

⑦苏滋/苏伊士（Suze）：法国生产，酒精含量为16%vol。橘黄色，甘润而微苦。其配料为法国中部火山带生长20年的龙胆草的根块。

⑧中国马天尼（China Martini）：意大利马天尼公司生产，酒精含量为31%vol。由规那树皮加苦橘皮为主要香料配制而成。味苦而柔和，呈浅黄色。

3．茴香酒（Anise）

茴香酒是以“茴香”为基础的开胃酒，开胃酒也属于利口酒这一大类。

（1）茴香酒的分类如下。

①茴香酒：40%～45%的茴香酒是由茴香油与蒸馏酒或食用酒精调配而成，茴香油中含有较多的苦艾素。茴香油通常在八角茴香或青茴香中提炼，八角茴香油多用作调制开胃酒。茴香酒口味香浓辛辣，分有色和无色，有明亮的光泽，酒精含量为25%vol。

②茴香利口酒：先用茴香和酒精制成香精，再兑以糖液和蒸馏酒，搅拌处理，澄清而得。它分为有色和无色，有明亮的光泽，酒精含量为25%vol。

③杉布卡香甜酒：大茴香是杉布卡香甜酒的主要原材料，产地主要在地中海沿岸，最珍贵的大茴香产于中国。杉布卡香甜酒有着特殊浓烈的中国大茴香香味，酒精含量为38%vol，一般加冰块饮用，可以凸显中国大茴香的独特香气。

（2）茴香酒的主要生产国及名品如下。

①潘诺/培诺（Pernod）：法国生产，酒精含量为40%vol，浅青色，半透明状，具有浓烈的茴香味，饮用时加冰加水呈乳白色。该酒具有一股浓烈的草药气味，既香又甜，很吸引人，可作为上等的烹饪调味料。

②巴斯特51（Pastis 51）：又译为巴斯的士51，是一种染色酒，甘草油的加入令酒液口感更加柔顺。

③里卡德/力加（Ricard）：法国生产，是一种染色酒。全世界销量冠军的大茴香酒，酒精含量为45%vol。

三、开胃酒的储存与服务

（一）开胃酒的储存

1. 避光保存

紫外线会对开胃酒产生负面影响，导致变质。因此，开胃酒应避免直接暴露在阳光或日光灯下。如果无法完全避光，可用布包裹瓶子或放入盒子中储藏。

2. 保持恒温

开胃酒的储存温度应保持在12 ~ 15℃。温度过高会加速酒的氧化，温度过低会减慢酒的老化过程。也可以使用冰箱储存开胃酒，开胃酒中含有奎宁成分，低温保存会产生一定的浑浊和沉淀，这是正常现象。但也要注意避免温度过低，否则酒会失去应有的风味。

（二）开胃酒侍酒服务

1. 开胃酒的饮用

喝开胃酒时，一般会兑水或与饮料混合，尤其是比特酒和茴香酒的稀释比例为5 ~ 10倍。味美思一般选择纯饮或加冰块直接饮用。

喝开胃酒时，一般加入橙子皮、柠檬皮，以增加果香。

2. 开胃酒侍酒操作程序

（1）准备。

①根据客人的订单准备好吸管、搅棒和杯垫。

②将载杯放于托盘左侧，盛有开胃酒的特制玻璃杯放于托盘右侧。

（2）服务。

①上酒水时，在客人右侧用右手进行操作。按顺时针方向服务，先宾后主，先女后男。

②倒开胃酒时须询问客人所需的量。

③给客人倒完配酒后，需用搅棒将开胃酒调均匀，然后把配酒放于一旁，示意客人开胃酒已调好。

再次为客人上开胃酒时，需准备新的酒杯和配酒。

知识巩固

1. 味美思属于（　　）。

   A. 开胃酒　B. 佐餐酒　C. 餐后酒　D. 利口酒

2. 干马天尼的酒精含量为（　　）。

   A. 10%vol　B. 18%vol　C. 20%vol　D. 22%vol

3. 被称作苦酒之王的是（　　）。

   A. 金巴利　B. 西娜尔　C. 菲奈特·布兰卡　D. 安格斯特拉

4. 请简述开胃酒的储存方式。

5. 请简述开胃酒的服务流程。

任务2 甜食酒服务

一、甜食酒的起源与发展

甜食酒的制作历史可以追溯到数千年前。在古希腊和古罗马文化的神话传说中经常出现葡萄酒与甜食的结合。在古代，人们在酿酒过程中发现，留有较高的糖分能够使酿造出来的酒变得更加甜美。随着时间的推移，酿酒师们开始专门制作甜食酒，逐渐形成了独特的制作工艺和配方。

二、甜食酒的定义与分类

（一）甜食酒的定义

甜食酒，是以葡萄酒为基酒，加入少许白兰地酒或食用酒精勾兑配制而成的。甜食酒称为强化葡萄酒（Fortified Wines）。一般情况下，西餐宴会的最后一道菜是甜点及水果，佐餐酒也应是口味较甜的，所以，常以甜食酒进行佐餐。甜食酒的主要生产国有葡萄牙、西班牙、意大利、希腊、匈牙利、法国等。

（二）甜食酒的分类

1. 根据残糖含量分类

（1）干型葡萄酒（Dry Wines）　残糖含量很低，通常小于4克每升，口感上几乎不甜，是目前市面上最常见的酒。

（2）半干型葡萄酒（Semi-Dry Wines）　残糖含量介于4～12克每升，口感上可能会有轻微的甜味。

（3）半甜型葡萄酒（Semi-Sweet Wines）　残糖含量介于12～45克每升，有明显的甜味。

（4）甜型葡萄酒（Sweet Wines）　残糖含量大于45克每升，非常甜。

2. 根据酿造方法分类

（1）加强型葡萄酒　这类葡萄酒多采用白兰地进行加强，最终的葡萄酒既可以是干型也可以是甜型。加强型葡萄酒的酒精含量通常在17%vol～20%vol，且保存时间较长。常见的加强型葡萄酒包括波特酒、天然甜酒、部分雪莉酒和部分马德拉酒等。

（2）非加强型葡萄酒　这类葡萄酒主要通过添加糖分或其他甜味剂来增加甜度，不涉及白兰地的加烈过程。常见的非加强型葡萄酒包括贵腐甜葡萄酒、迟摘甜葡萄酒、葡萄干甜葡萄酒和冰酒等。

3. 其他分类方式

（1）根据风味和产地分类　例如，贵腐甜葡萄酒通常具有浓郁蜂蜜香气和油滑的口感，主要产于法国、德国和匈牙利等地。

（2）根据陈酿时间分类　有些甜食酒会根据陈酿时间的长短分为佳酿、优酿、精酿和特酿四种。

三、甜食酒名品

（一）波特酒（Port或Porto）

1. 波特酒的起源

全世界很多国家都有生产销售波特酒，但真正的波特酒是葡萄牙北部的杜罗河流域（Alto Douro）及上杜罗河区域（Upper Douro）生产的。

17世纪末，杜罗河谷生产的葡萄酒尚不为人知。当时英国商人对西北地区酿造的葡萄酒品质相当不满意。1675年，他派两位年轻人到葡萄牙学习葡萄酒买卖，并寻找一些适合英国市场口味的葡萄酒。

两位年轻人来到杜罗河岸的拉梅哥（Lamego），修道院神父用自酿的葡萄酒（神父称此酒为Pinhao）盛情款待他们。他们发现该酒有点甜，口感圆润且非常爽口，神父说该葡萄酒在发酵过程中加入少许白兰地，从而保持了葡萄原有的甜味。这两位年轻人为了保持长途运输品质，又尝试添加比神父描述要多的白兰地。这无意的发现，成为今日波特酒的来源。

2. 波特酒的制作工艺

波特酒，又称晚安酒，是一种加强型葡萄酒，是葡萄牙的国酒，口感偏甜，酒精含量一般为15%vol～20%vol，香气类似中国的黄酒。首先将葡萄采摘后放入一个又大又矮的水泥槽里，几个人一组去踩葡萄，而且都是赤足去踩，据说这样能使酒获得非常好的色泽和丰富的单宁。每到收获季节，这里的人们又喜又怕，因为这是非常艰辛的日子，白天要爬到山坡上去采摘葡萄，并整筐整筐地背下来，晚上还要继续踩葡萄，没日没夜地干活，不过如今已鲜有酒厂使用这种酿造方法了，就算有也是为了表演。

波特酒的酿造工艺比较特殊，当葡萄汁开始发酵到6%～9%时，酿酒师根据自身经验，添加酒度高达77%vol的白兰地，此时酵母菌被杀死，酒精发酵随即停止。

3. 波特酒的分类

（1）按陈酿年龄分类如下。

①年份波特酒（Vintage Port）：只在非常好的年份生产，并需要挑选优质的葡萄。需要先经过2年的木桶陈酿，好的酒需要装瓶后在酒窖中陈酿10～15年才能上市销售。

②迟装瓶年份波特酒（Late Bottled Vintage Port）：又被称为“LBV”，在装瓶前已经陈

酿了一定时间，但尚未达到年份波特酒的陈酿时间，混合装瓶时间在葡萄收成的4～6年后，口感比年份波特酒更柔和。

③桶老波特酒：这类波特酒在橡木桶中熟化时间超过2年。

（2）按酒体颜色分类如下。

①红宝石波特酒（Ruby Port）：也称为宝石红波特，酒色深红，果味浓郁，通常在橡木桶中陈酿时间不超过3年。

②茶色波特酒（Tawny Port）：酒色为茶色或琥珀色，风味以干水果和坚果味为主，通常在橡木桶中陈酿3年以上。

③白波特酒（White Port）：用灰白色的葡萄酿造的，主要产自葡萄牙北部崎岖的多鲁河山谷。颜色金黄，口感甜型，酸度较低，带有香料香或蜜香。

④桃红波特酒（Rosé Port）：酒色淡红，口感充满果香味，简单易饮，类似于桃红葡萄酒的发酵方式。

（3）其他特殊类型如下。

①珍藏波特酒（Reserve Port）：分为珍藏宝石波特酒和珍藏茶色波特酒，陈酿时间更长，品质更高级。

②晚装波特酒（Late Bottled Vintage Port）：与迟装瓶波特酒类似，但通常在橡木桶中熟化5～6年后装瓶。

③单一酒庄波特酒（Single Quinta Port）：来自单一葡萄园，可能是经典年份的波特酒或不公开年份的特别发放的波特酒，不一定比年份波特酒好，但有着特殊的风格。

4. 波特酒名品

著名的波特酒有科伯恩（Cockburn）、桑德曼（Sandeman）、戴尔瓦（Dalva）、克罗夫特（Croft）、方瑟卡（Fonseca）、泰勒（Taylor's）等。

（二）雪莉酒（Sherry）

雪莉酒是西班牙的加烈葡萄酒，色泽黑厚深邃，口感浓郁醇烈。12世纪传入英国后，英文叫法“Sherry”盖过了西班牙文的“Jerez”。

1. 雪莉酒的起源

“Sherry”一词来源于雪莉酒的产地——赫雷斯（Jerez de la Frontera）。在摩尔人统治时期，赫雷斯被称为“Sherish（Jerez的阿拉伯语发音）”，这就是雪莉酒名字最初的由来。

2. 雪莉酒的制作工艺

西班牙南部城市赫雷斯是以雪莉酒而闻名的，它的土壤有微白、沙土及矿泉泥之分，它可以生长出最适合配制雪莉酒的葡萄品种。用料选择加的斯巴洛来洛、白得洛斯麦勒、菲奴巴罗米洛葡萄（占全部的85%～88%，如果是更高级的甚至需要98%）及少量的玫瑰香葡萄。采下的葡萄在草席上晒1～2天，以达到榨取浓果汁的目的。然后装入长了菌膜的木桶里，只装2/3或3/4桶，然后发酵。第一次发酵3～7天，其过程异常猛烈，3个月后开桶令空气进入。再经过1个月或2个月，如在酒液表面长出“酒花”——呈灰色泡沫层铺于酒液表层，则是菲诺雪莉酒常见的特征。如果表面很少或没有“酒花”，则是欧罗索雪莉酒的典型特征。而在此时，会喷洒一些白兰地将之消除，二次发酵时不再出现此种趋势，即可抽酒入另一桶，同时检查。不足指标的原酒将加入白兰地以提高酒度。白兰地的调节是基于如下标准：菲诺雪莉酒，酒度为16%vol，如果是欧罗索雪莉酒则在17%vol～18%vol。雪莉酒应储放于通风通气的专门酒库，储存时间不少于3年，即可进行后处理，如调配、杀菌、澄清、装瓶等。

在制作过程中，雪莉酒因为要把葡萄晒干了再榨汁，酒的糖分很高，所以非常容易变质。它保存期短，制造时期非常长而工序又繁复，所以雪莉酒不是家家户户的必需品，在欧洲，它在一定时期内都是上层社会的奢侈品。

3. 雪莉酒的分类

（1）干型雪莉酒分为以下几种。

①菲诺雪莉酒（Fino）：酒度约为15%vol，全程酒花长势良好，带有杏仁、药草和生面团的芳香。

②曼萨尼亚雪莉酒（Manzanilla）：与菲诺雪莉酿造工艺相同，但来自沿海小镇桑卢卡尔，具有独特的咸味。

③阿蒙蒂亚雪莉酒（Amontillado）：在酿造过程中酒花长势不佳，暴露在空气下，需添加白兰地进行有氧陈酿，具有酵母和氧化的香气。

④欧罗索雪莉酒（Oloroso）：酒度提高到17%vol，使酒花无法生长，在橡木桶中陈酿后发展出氧化香气，如太妃糖、皮革、香料和核桃等。

⑤帕罗卡特多雪莉酒（Palo Cortado）：优质基酒在酿造过程中酒花长势良好，但酿酒师认为其有独特潜力，因此加强酒度至17%vol进行有氧陈酿，风格介于曼萨尼亚和欧罗索之间，罕见且精致。

（2）天然甜型雪莉酒分为以下几种。

①佩德罗-希梅内斯雪莉酒：使用佩德罗-希梅内斯雪莉葡萄风干，浓缩葡萄中的糖度，具有果脯、咖啡和香草的芳香。

②麝香雪莉酒：使用麝香葡萄风干酿成，具有与佩德罗-希梅内斯雪莉酒相似的芳香，但带有干橘皮味。

（3）调和甜型雪莉酒分为以下几种。

①浅色奶油雪莉酒（Pale Cream）：在菲诺雪莉酒或曼萨尼亚雪莉酒中添加浓缩葡萄汁。

②中甜雪莉酒：酒度和甜度介于浅色奶油雪莉酒和甜型雪莉酒之间。

4. 雪莉酒名品

著名的雪莉酒有菲诺雪莉酒、曼萨尼亚雪莉酒、阿蒙蒂亚雪莉酒、欧罗索雪莉酒、帕罗卡特多雪莉酒。

（三）马德拉酒（Madeira）

1. 马德拉酒的起源

马德拉岛的酿酒历史悠久，起初这里的葡萄酒用船运往内陆，或者运往其他国家。由于行程较远，为了防止酒液变质，出发前会加入少许烈酒。如今，马德拉岛将这种自然转化过程复制成人为的生产工艺，称之为艾斯图法热（Estufagem）工艺，并以其独特的马德拉葡萄酒闻名世界。

马德拉酒是一种加强型葡萄酒，产自葡萄牙马德拉岛，距离摩洛哥海岸约482千米处。马德拉岛气候炎热潮湿，岛内大都为山区，并不适合种植葡萄。然而对于航海而言，马德拉岛的地理位置很重要，欧洲的船要去美国的话，都需要在这里补充给养，而酒是西方的重要饮品，生活枯燥的水手们尤其喜欢喝刺激性的酒，正是有了此种需求，马德拉酒应运而生。

2. 马德拉酒的制作工艺

马德拉酒的制作工艺融合了葡萄种植、发酵、特殊加热处理及陈酿等独特环节。首先，葡萄在马德拉岛以凉棚式种植，靠列瓦达斯渠道灌溉，不同品种按海拔分布（如低海拔种波尔、玛尔维萨，高海拔种舍西等），人力采收时按成熟度先后采摘。压榨后部分品种带皮发酵，发酵中加入96%的葡萄蒸馏酒终止发酵，依时机控制甜度——前期加强得甜型，后期得干型，酒度最终达17°~18°。关键的"马德拉化处理"通过加热催陈：低端酒用艾斯图法热工艺，在不锈钢罐中以50℃热水加热3个月；高端酒则用自然日晒陈酿法（Canteiro）工艺，将酒液置于橡木桶中经屋顶日晒自然加热。加热后酒液冷却，转入橡木桶陈酿3~15年，借氧化反应形成坚果、焦糖等风味，最后按风格调配装瓶，成就其独特的焦糖风味与耐储存特性。

3. 马德拉酒的分类

（1）按照酿造时间分类　按此种分类方式，可分为"陈年酒"与"年份酒"两种。传统上，"年份"马德拉酒的品质更高，为单一年份单一品种标识酒。而"陈年"马德拉酒上虽标有5年、10年的字样，其实是许多年份的混酿，标识上的年份是最年轻的基酒的年份。

①陈年酒分类如下。

a. 3年或"优选"（Three Year Old或Finest）：3年的马德拉酒酒瓶上一般找不到"3年"的字样，也没有葡萄品种名称。这是因为，这个类型属于入门系列，往往是黑莫乐或康培雷萨葡萄混酿为主，而且用相对廉价的高温室法制成，绝大部分都是在不锈钢或水泥大容器陈年的，所以还"不够资格"标品种名。

这类马德拉酒的酒瓶上通常标注以下字样：干型（Dry）、半干型（Medium dry）、半甜型（Medium Rich）、甜型（Rich），是对糖度的区分，从干型到甜型糖度递增，与品质无关。

著名的"雨水（Rainwater）"就属于这个等级，它清淡、平衡、价格便宜，受到很多葡萄酒爱好者的欢迎。

b. 5年或"珍藏"（Five Year Old或Reserva）：是非单一品种无年份调配酒，由15%的黑莫乐和85%的其他葡萄品种酿造而成，酿造工艺与3年马德拉酒一样，平均陈年时间为5年。大部分酒是用高温室法制成的，在不锈钢或水泥大容器陈年的，但精品也在桶中陈年。这是性价比极高、有趣的、选择很多的一类马德拉酒。

c. 10年或"特别珍藏"（Ten Year Old，Reserva Especial或Special Reserve）：主要由4大贵族葡萄品种酿造，一般采用自然日晒陈酿法（Canteiro）马德拉化工艺，使用木桶陈年，平均陈年时间为10年。

d. 15年或"极致珍藏"（Fifteen Year Old或Extra Reserve）：是调配型马德拉酒，平均陈年时间为15年，非常罕见。

②年份酒分类如下。

a. 收获型马德拉酒（Colheita或 Harvest）：这种酒必须是单一年份，而且必须在桶中陈年5年以上才能装瓶上市。如果没有标识品种，通常就是以黑莫乐为主的混酿，不过单一品种的更为常见。

最近10年间，这种高级马德拉酒在国际市场上逐渐受到消费者青睐。

b. 年份型马德拉酒（Frasqueira或Vintage）：顶级的马德拉酒必须是单一年份、单一贵族品种、标识品种，同时最少在木桶中熟成20年。许多顶级马德拉酒甚至会在木桶中或大型玻璃瓶中熟成百年后才装瓶。这种酒一旦装瓶后，成熟就非常缓慢。也因为如此，许多人干脆会把这种酒直立存放，以防止软木塞可能带来的变味。

（2）按照残糖量和风味分类如下。

①干型马德拉酒：干型马德拉酒代表有舍西亚尔，颜色相对更浅，香气芬芳，是一款完美的开胃酒，既可以搭配橄榄、烤杏仁、鱼子酱或鲑鱼等小吃，也可以搭配烟熏鱼肉、贝类、寿司、新鲜山羊奶酪等食材，还可与苹果馅饼和其他水果糕点等甜点完美搭配。

②半干型马德拉酒：半干型马德拉酒如华帝露，结构感略强于干型马德拉酒，高酸，同样是一款非常出色的开胃酒，可以搭配橄榄、烤杏仁、干果、奶油汤、洋葱汤、西班牙火腿、鸭肉、鹅肝等。

③半甜型马德拉酒：布尔作为半甜型马德拉酒的代表，酒体饱满，果味浓，搭配热带水果、干果、蛋糕和水果蛋挞毫无压力。年轻的布尔马德拉酒适合搭配软质奶酪，而经过长时间陈年的布尔马德拉酒更适合搭配陈年奶酪和雪茄。

④甜型马德拉酒：甜型马德拉酒的典型即马姆齐，这类酒颜色深，酒体非常饱满顺滑，香气浓郁，可以搭配热带水果、干果、果脯蛋糕、黄油饼干、巧克力、果仁糖等。

4．马德拉酒名品

著名的品牌有利高克（Leacock）、博格斯（Borges）、巴贝都王冠（Crown Barbeito）、法兰卡（Franca）等。

（四）马尔萨拉酒（Marsala）

1．马尔萨拉酒的起源

马尔萨拉位于意大利西西里岛西部，气候炎热干燥，因盛产优良的干白葡萄酒而闻名世界。马尔萨拉酒一度与雪莉酒和马德拉酒齐名。

马尔萨拉酒首次酿制于18世纪60年代，当时来自利物浦的英国商人约翰·伍德豪斯在路过西西里海峡时，品尝了当地的葡萄酒。约翰·伍德豪斯觉得这酒与马德拉酒很相似，于是他们带了几桶（饮酒桶的量约30458升）回到英国。不过，他们给每个酒桶多加了大约7.6升的酒精，以确保这些酒能够在经过长途航运之后不变质。英国人非常喜欢这种新发现的酒，以至于约翰决定和他的儿子先留下来帮助生产马尔萨拉酒。

1773年，威廉成立酿酒厂专门生产马尔萨拉酒并出口到英国各个地区。直到1800年3月19日，马尔萨拉酒才真正建立了自己的品牌及声誉。当时，英国海军上将纳尔逊向约翰·伍德豪斯订了500桶马尔萨拉酒。

2．马尔萨拉酒的制作工艺

马尔萨拉酒的制作主要包括以下几个关键步骤。

（1）葡萄的选择与处理　马尔萨拉酒的酿造主要采用西西里岛本土的葡萄品种，如格里洛（Grillo）、因佐利亚（Inzolia）和卡塔拉托（Catarratto）等白葡萄品种，以及黑珍珠（Nerod’Avola）和马斯卡斯奈莱洛（Nerello Mascalese）等红葡萄品种。

（2）发酵　葡萄经过压榨后，果汁进行发酵。发酵过程中，白葡萄酒和红葡萄酒的发酵方式有所不同，但都会控制发酵程度，以达到所需的酒度和风味特点。

（3）加强　为了使葡萄酒成为加强型，会在发酵过程中或结束后加入蒸馏酒。这种方法不仅提高了酒度，还增强了葡萄酒的稳定性和陈年潜力。

（4）陈酿　马尔萨拉酒的陈酿是其制作工艺中的重要环节。根据不同的陈酿时间和风格，马尔萨拉酒可以分为多种类型。例如，陈酿4个月的酒称为精酿（Fine），陈酿2年的酒称为优酿（Superiore），陈酿5年的酒称为特精酿（Verfine）。

（5）索莱拉系统　一些马尔萨拉酒会采用索莱拉系统（Solera）进行陈酿。这是一种特殊的陈酿方法，通过不断补充新的葡萄酒到老的酒液中，使得最终的产品具有稳定的品质和复杂的风味。

（6）调配　在某些情况下，为了达到理想的风味和风格，酿酒师可能会将不同年份、不同类型的马尔萨拉酒进行调配。

3．马尔萨拉酒的分类

（1）按照等级分类如下。

①极品珍藏级（Vergine Riserva）：至少10年，全橡木桶陈酿，为马尔萨拉酒的最高等级。

②优质珍藏级（Superiore Riserva）：全程在橡木桶中陈酿，且不得混合其他等级的酒液。

③优质级（Superiore）：陈年1年的葡萄酒。

④普通级（Fine）：陈年至少3个月，通常在不锈钢罐中陈酿，无需橡木桶。

（2）按照颜色分类如下。

①金色：白葡萄混酿酒，是马尔萨拉酒中风味最优质的一种。

②琥珀色：一种白葡萄与煮过的新葡萄汁（增甜剂）的混酿酒。

③宝石红色：比较少见，一种红葡萄含量最多为30%的混酿葡萄酒。

（3）按照残糖量分类如下。

①干型：残糖量0～4克每升，口中察觉不到甜味，只有酸味爽口的感觉。

②半干型：残糖量4～12克每升，微觉甜味。

③半甜型：残糖量在12～45克每升，具有甜爽感。

④甜型：残糖量大于45克每升，口中能感到明显的甘甜、醇厚感。

4．马尔萨拉酒名品

较为有名的马尔萨拉酒有：厨师长（Gran Chef）、佛罗里欧（Florio）、佩勒克利诺（Peliegrino）和拉罗（Rallo）等。

（五）马拉加酒（Malaga）

1．马拉加酒的起源

马拉加酒的酿酒历史可追溯至约3000年前腓尼基人占领西班牙南部时期。罗马人在此基础上改良了酿酒工艺，这一点从马拉加北部发现的发酵沉淀物遗迹中可得到印证。不过，在8至15世纪安达卢西亚辉煌的摩尔时代，葡萄酒酿造成了阿拉伯居民极少涉足的世俗事务之一。1487年，费迪南德与伊莎贝拉从摩尔人手中接管了马拉加。到17世纪初，马拉加的葡萄园主们成立了“酿酒师兄弟会”（Hermandad de San Sebastián de los Vineros），这一组织延续至今且不断发展壮大。

2．马拉加酒的制作工艺

（1）选取合适的葡萄品种　马拉加酒采用葡萄品种为长滞留（Moscatel）和亚历山大（Pedro Ximénez）的酿酒葡萄。

（2）采摘和晾晒　一般在9月采摘葡萄，然后将其散放在露天的干燥地方晾晒数天，以使其水分流失，并增加葡萄的甜度。

（3）榨汁　晾晒的葡萄将被压榨，以获得果汁。这些果汁中含有高糖度，并具有浓郁的葡萄风味。

（4）酒精酿制　接下来，在葡萄汁中加入酒精，以停止其发酵过程。酒精会将葡萄汁的甜味保留在酒中，制造出甜美的马拉加酒。

（5）陈酿　酿制完成后，马拉加酒被置于橡木桶中进行陈酿。这个过程可以持续数年，使酒获得更多的复杂风味和口感。

（6）混合　酒款达到预期的风格和口味后，不同年份的马拉加酒可能会被混合在一起，以确保每个批次的一致性。

（7）过滤和瓶装　陈酿完成后，马拉加酒被过滤以去除杂质，并被装瓶。一些高级的马拉加酒还可能进行更长时间的瓶内陈化，以继续发展其风味。

3．马拉加酒的分类

（1）按照酒精度数进行分类。

①葡萄烈酒：酒精度数在15%vol～22%vol。

②甜酒：酒精度数在13%vol以上，使用熟透的葡萄酿造。

（2）按照陈酿年数进行划分　分为未经陈酿、陈酿6～24个月、陈酿2～3年、陈酿3～5年、陈酿超过5年。

（3）按照残糖量进行分类　分为甜型（Sweet）、半甜型（Semi-sweet）、半干型（Semi-dry）、干型（Dry）。

4．马拉加酒名品

著名的马拉加酒有佛罗尔海马诺斯（Flores Hermanos）、菲利克斯（Felix）、黑交斯（Hijos）、约塞（Jose）、拉丽欧斯（Larios）。

四、甜食酒的储存与服务

（一）甜食酒的储存

未开瓶的甜食酒绝大多数水平横放在阴凉、干燥的地方；已经开瓶的依然可以保存6个月，而且不会丧失风味。尽管如此，无论什么酒，开瓶后应该迅速饮用。

（二）甜食酒侍酒服务

甜食酒适合纯饮，选用波特酒杯或雪莉酒杯饮用，每份标准用量为50毫升。普通甜食酒开瓶后应一次性饮完，以免氧化影响风味，开瓶后存放时间最好不超过2天，且需要放在冰箱保存。甜、半甜的雪莉酒要冰镇后饮用。

知识巩固

1. 下列选项中，属于甜食酒的是（　　）。

　A. 马德拉酒　　B. 香槟酒　　C. 君度　　D. 加里安诺酒

2. （多选题）配制酒分为（　　）。

　A. 开胃酒　　B. 佐餐酒　　C. 甜食酒　　D. 餐后甜酒

3.（多选题）以下外国配制酒中属于餐前酒的是（ ）。
A. 雪莉酒 B. 比特酒 C. 波特酒 D. 味美思
4. 马尔萨拉酒按等级分类可以分为哪几种？
5. 甜食酒的储存方式是什么？

任务3 利口酒服务

一、利口酒的起源与发展

利口酒是法文“Liqueur”一词的音译，美国人称其为Cordial（拉丁文），意为心脏，指对心脏有刺激作用的酒。在法国却有人称它为Digestif，认为这种酒有助于消化。利口酒起源于公元1137年，为了调和葡萄酒中的酸味，加入了蜂蜜、香草、大茴香等原料，再通过过滤而成。在公元1314年，一位西班牙的配酒师尝试把柠檬、橘子花、香料等的香味用酒精析出，再调上颜色，创新了利口酒的制作方式。

到了16世纪，意大利人把蒸馏过的葡萄酒稀释。把肉桂、大茴香子、麝香等配料，通过创新制成利口酒，令其声名大振。盛名传到法国之后，当时的王妃凯瑟琳·德·美第奇（Cathrine de Medici）亲自为法国的酒品做宣传，使法国的利口酒快速发展，甚至有超越意大利的趋势。

18世纪以后，科学的进步使得以药用价值为主的酒风气衰退，而以水果香味为主的美味型香甜酒则取代了它的地位。

二、利口酒的定义与分类

（一）利口酒的定义

利口酒又称力娇酒，颜色鲜艳丰富、酒体晶莹剔透，酒精度数在30%vol～50%vol。利口酒深受女士的喜爱，酒商们为了拓宽女性的消费市场，研发了各种色彩鲜艳、口味丰富的利口酒。利口酒有多重特色的色彩和风味，所以也经常被用于鸡尾酒的调制。

（二）利口酒的分类

1. 果实类利口酒（Fruits Liqueur）

果实类利口酒种类繁多，可以使用橙子、柠檬、樱桃、苹果、香瓜、香蕉等材料制成。无论是香气、风味还是颜色，果实类利口酒丰富多样，因此在利口酒中较受欢迎。

2. 草药、香草类利口酒（Herbs&Spices Liqueur）

这类利口酒的发明应归功于炼金术士，他们偶然发现可以在蒸馏酒中浸泡草药，以代替药物使用。从中世纪开始酿制的利口酒大部分都是使用草药或香草制造的。

3. 种子、坚果类利口酒（Beans&Kernels Liqueur）

种子、坚果类利口酒是指采用种子、坚果等酿造的利口酒，口感醇厚，如杏仁利口酒散发杏仁香味，可可利口酒则是在蒸馏时加入了炒熟的可可豆，咖啡利口酒是使用咖啡豆制成的，椰子利口酒则是由混合了的椰肉汁和酒精制成。

4. 其他利口酒

除上述提到的植物原料利口酒外，还有其他利口酒可谓是独辟蹊径，其中一种是在酒精中添加生奶油或鸡蛋等动物性成分而制成的利口酒。这种利口酒开创了利口酒的新领域，因而备受人们的关注。

三、常见的利口酒

（一）柑香酒（Curacao）

产地：荷兰的库拉索岛。

用料：橙的果皮、药料朗姆酒、波特葡萄酒、砂糖和白兰地。

（二）金万利（Grand Manier）

产地：美洲的委内瑞拉。

用料：干邑白兰地、热带苦橙皮、蔗糖和水。

（三）君度（Cointreau）

产地：法国。

用料：产自海地毕加拉、西班牙卡娜拉和巴西皮拉地区的橘子。

（四）法国当酒（Benedictine, D. O. M）

产地：法国。

用料：蒸馏酒和几十种药材。

（五）百利甜（Baileys）

产地：爱尔兰。

用料：奶油、威士忌，以及香草和可可豆。

（六）加力安奴（Calliano）

产地：意大利。

用料：食用酒精和30多种香草。

（七）甘露咖啡（Kahlua）

产地：墨西哥。

用料：墨西哥的咖啡豆、朗姆酒、适量的可可豆及香草精。

（八）波士樱桃白兰地（Bols Cherry Brandy）

产地：荷兰。

用料：克罗地亚海岸地区达尔马提亚当地盛产的樱桃树果实（成熟时期色泽呈暗红色）榨汁。

（九）葫芦绿薄荷酒（Get27）

产地：法国。

用料：7种不同的薄荷。

（十）马利宝椰子酒（Malibu White Rum with Coconut）

产地：美国加州马利宝海滩。

用料：水、椰子汁、甘蔗汁、朗姆酒。

（十一）野格（Jaegermeister）

产地：德国。

用料：水、食用蒸馏酒精、葡萄糖、植物混合物（丁香叶、小茴香子、土木香、豆蔻粉、生姜、甘菊、桂皮、香菜、薰衣草、橘皮、甘草、藏红花）。

（十二）波士鸡蛋酒（Bols Advocaat）

产地：荷兰阿姆斯特丹。

用料：鸡蛋黄、食用酒精、白砂糖、天然食用香料、柠檬酸。

（十三）波士白可可（Bols Creme de Cacao White）

产地：荷兰。

用料：可可豆、水、食糖、天然香料。

（十四）爱蜜丝（Irish Mist）

产地：爱尔兰。

用料：香草、蜜糖、威士忌。

（十五）波士黑加仑（Cassis）

产地：荷兰。

用料：黑加仑、水、白砂糖、柠檬酸、食用酒精。

四、利口酒的储存与服务

（一）利口酒的储存

1. 避免阳光直射

利口酒应存放在避光的地方，因为阳光中的紫外线会破坏酒中的有机物质，导致酒的颜色、味道和香气发生变化。因此，最好将利口酒放在阴凉、避光的地方，如壁橱或柜子里。

2. 保持恒温

利口酒的储存温度应保持在15～20℃。过高的温度会导致酒精挥发，使酒的味道变淡；过低的温度则可能导致酒中的糖分结晶。此外，温度的波动也会影响酒的品质，因此应尽量避免将利口酒放在靠近热源或空调出风口的地方。

3. 避免震动

利口酒在储存过程中应避免受到震动，因为震动会加速酒中化学物质的反应，导致酒的风味发生变化。因此，最好不要将利口酒放在洗衣机、冰箱或其他可能产生震动的设备附近。

4. 密封保存

打开瓶盖后，应尽量将瓶盖拧紧，以防止空气中的氧气与酒发生反应，影响酒的品质。此外，如果可能的话，可以使用保鲜膜或塑料薄膜将瓶口包裹起来，以增强密封效果。

5. 避免与其他物品混放

利口酒应单独存放，避免与其他食物或饮料混放，以免相互串味。此外，也不要将利口酒放在有强烈气味的物品附近，如香水、清洁剂等。

（二）利口酒侍酒服务

1. 利口酒的常见饮用方式

（1）净饮　纯饮利口酒时，把杯子斟满即可。

（2）加冰　利口酒加冰饮用时，可加入半杯冰块，将28毫升的利口酒倒入古典杯或葡萄酒杯中，用吧匙搅拌。

（3）兑饮　很多利口酒含糖量比较高，且比较黏稠，不适合净饮，需要兑和其他饮料后饮用。可以在杯中加冰后，用28毫升的利口酒加4～5倍的苏打水或果汁饮料。如绿薄荷酒加雪碧汽水、绿薄荷酒加菠萝汁等。

2. 利口酒饮用的服务须知

（1）服务选用杯具　净饮可用利口杯或雪碧杯，加冰可用古典杯或葡萄酒杯，兑饮可用果汁杯或高身杯。

（2）服务的标准分量　利口酒的饮用标准用量为每份28毫升。

知识巩固

1. 下列选项中，属于利口酒的是（　　）。

A. 马德拉酒　B. 君度　C. 拉菲酒　D. 雪莉酒

2. 以下哪种不是利口酒（　　）。

A. 君度　B. 甘露咖啡　C. 野格　D. 百加得

3. 利口酒的酒度通常在（　　）。

A. 15%vol～30%vol　B. 20%vol～40%vol

C. 10%vol～20%vol　D. 30%vol～50%vol

4. 利口酒可以分为哪几类？

5. 金万利的产地和成分分别是什么？

任务4

中国配制酒服务

一、中国配制酒的起源与发展

配制酒的起源与治疗疾病有极大的联系，例如著名的金酒（Gin）最早就是荷兰的医生为病人配制的药剂。据传希腊名医希波克拉底是第一个把芳香植物浸渍在葡萄酒中的人，随着蒸馏技术的发展，植物的花、叶、果实、根、皮、茎都被用于增加香气及改善风味，就出现了蒸馏型配制酒。早期的酒只有贵族才享用得起，为适合上层社会女性的需求，蒸馏型配制酒中往往加入大量的糖并调配成艳丽的色泽。

而我国最早的配制酒也是作为药用的，甲骨文中就有“鬯其酒”的记载，据汉代学者班固解释“鬯其酒”是古人酿制的一种药酒。“药酒”一词的明确记载始见于汉代文献。在汉代，随着中医药理论的发展和酿酒技术的进步，药酒逐渐被纳入医药范畴。例如，东汉时期的《神农本草经》虽未直接提及“药酒”，但记载了许多可用于酿酒的药物及其功效，为药酒的应用奠定了基础。而东汉张仲景的《金匮要略》中，已有“酒剂”的应用案例，如“红蓝花酒”等，虽未明确以“药酒”命名，但已具备药酒的雏形。

班固在《汉书·食货志》中也称酒为“百药之长”。到了唐朝，大医学家孙思邈的医学专著中，记载了很多药酒方，从中可以看出唐朝酿制药酒的都是黄酒。

进入21世纪，随着人们生活水平的提高，以及环境污染和各种压力增加导致所谓“现代病”威胁日益加剧，国民对健康更加关注，各种“保健酒”又开始大行其道。

许多配制酒的发明是出于治疗疾病的需要，但是配制酒并不是药物，并不能当作治疗疾病的主要手段，它更多的是作为一种辅助手段来使用，像茅台生产的大汉玉液酒、五粮液的苦荞酒，都是一种健康配制酒，但是他们并不能保证自己就一定能治疗疾病，只能说辅助调理。

二、中国配制酒的定义与分类

（一）中国配制酒的定义

中国配制酒是以发酵酒（黄酒或者葡萄酒）、蒸馏酒（白酒）或食用酒精为基酒，加入可食用的果实、花朵、动植物或者中草药，或以食品添加剂为呈色、呈香及呈味物质，采用浸泡、煮沸、复蒸等不同工艺加工而成的改变了其原基酒风格的酒。

（二）中国配制酒的分类

1. 花类配制酒

以各种花卉的花、叶、根、茎等为来源，采用葡萄酒、黄酒、白酒、食用酒精等为基酒调配而成的配制酒。该类酒具有明显的花香，如桂花酒、玫瑰酒等。

2. 果实配制酒

采用不同的基酒，调入果汁，或用基酒浸泡破碎后的果实；或用果汁及皮汁混合发酵的原酒与基酒调配；或采用半发酵半浸渍（用基酒）的工艺配制而成的酒均属于果实配制酒。

这类酒果香突出，酒度和糖度不高，甘甜爽口，如山楂酒、蜜橘酒、荔枝酒、刺梨酒等。

3. 芳香植物配制酒

采用除花卉植物以外的芳香植物，直接浸泡于基酒中，或浸泡后再蒸馏制成的酒属芳香植物配制酒。酒液呈无色或具有本品特有的色泽，诸香和谐，口味协调。这类酒所加入的植物香料种类很多，它们不但具有一定的色泽和芳香，而且绝大部分是中药材，所以又称之为药香型配制酒，如竹叶青、五加皮、园林青等。

4. 滋补型配制酒

滋补型配制酒大多以白酒或黄酒为基酒，调配各种动植物药材，用浸渍法或药材单独处理，再混合配制而成。

三、中国配制酒名品

（一）竹叶青

酒度：45%vol，糖分：10%。

竹叶青是最陈旧的带有传统特征的配制酒之一。最早的竹叶青只是单纯掺加竹叶浸泡，求其色青味美，故名“竹叶青”。后来的竹叶青以汾酒为基酒，配以广木香、公丁香、竹叶、陈皮、砂仁、当归、紫檀等十多种名贵药材跟冰糖，经浸泡等传统工艺勾兑技巧而制成。

（二）味美思酒

酒度：15%vol～23%vol，糖分：15%。

中国味美思以张裕味美思为代表，是独具特色的加香葡萄酒，选用优质白葡萄发酵成白葡萄酒为基酒，加入藏红花、肉桂、豆蔻等二十多种名贵中药材，经低温发酵、换桶储存、浸泡取汁、精心勾兑等多道工序制成。酒液呈棕红色，清亮透明，酒香与药香协调。滋味微甜、微酸、稍苦，诸味和谐，口感醇厚。具有开胃健脾、补血益气等功效，多次荣获国际国内大奖，是深受欢迎的名酒，也可用于调制鸡尾酒。

（三）莲花白酒

酒度：49%vol～50%vol，糖分：8%。

莲花白酒属于高级滋补酒，是北京地区历史悠久的著名佳酿之一，酒性柔和，芳香宜人。该酒始于明朝万历年间，徐珂编的《清稗类钞》中记载：“瀛台种荷万柄，青盘翠盖，一望无涯。孝钦后每令小阉采其蕊，加药料，制为佳酿，名莲花白，注于瓷器，上盖黄云缎袱，以赏亲信之臣。其味清醇，玉液琼浆不能过也。”

（四）五加皮酒

酒度：40%vol，糖分：6%。

以高粱酒为基酒，加入五加皮、当归、牛膝等中药材酿制。用特酿白酒浸泡，增添糯米蜜酒、冰糖、蜂蜜，深采千岛湖泉水作为引子精心酿制而成。酒色棕红，药香协调，口感醇厚微甜。

（五）紫梅酒

酒度：15.5%vol，糖分：22.5%。

紫梅酒是黑龙江尚志市一面坡葡萄酒厂的著名产品，以当地特产的黑豆果为原料酿造而成的。黑豆果学名黑醋栗，成熟后呈深紫色，富含B族维生素、维生素C等营养成分，为酿酒的上乘原料。酒液紫红浓艳，有鲜果自然香气，香气清雅悠长，味甜微酸，柔和醇厚，越饮越觉香味深沉，余香不尽。

（六）田七酒

酒度：36%vol ~ 38%vol。

田七酒以田七为主要原料，并配有党参、枸杞、桂圆肉等十多种中药材，选用纯正米酒经1年浸泡而成。酒液呈棕色透明，酒质香醇，药味协调。

（七）参茸三鞭酒

酒度：38%vol。

该酒选用我国稀有特产——梅花鹿鞭、海狗鞭、广狗鞭为主要原料，配有人参、鹿茸等各种名贵药材，用多年陈酿的高粱酒作基酒，经特殊兑制方法精心制成。它含有多种维生素、无机盐、氨基酸等营养成分。

四、中国配制酒的饮用与服务

（一）酒杯与分量

中国配制酒一般采用利口酒杯或古典杯盛酒，分量为45毫升左右。

（二）饮用方法

中国配制酒多数宜作为餐后饮用。滋补型配制酒可在进餐、餐后或睡前适量饮用。花类、果实类配制酒可冰镇或加冰块后饮用。这类酒在我国多数单饮，很少被采用作为调制鸡尾酒的辅助酒。

知识巩固

1. 中国最为著名的配制酒是（　　）。
   A. 荔枝酒　B. 竹叶青　C. 味美思　D. 薄荷酒
2. 外国配制酒与中国配制酒一样，最早源于（　　）目的。
   A. 药用　B. 饮料　C. 庆祝　D. 祭祀
3. 在成品酒中加入（　　）制成的是五加皮酒。
   A. 名贵药材　B. 中草药材　C. 动物性原料　D. 水果
4. 田七酒的原材料是什么？

项目六

鸡尾酒

项目导读

本章聚焦鸡尾酒文化与调制技术，系统梳理鸡尾酒的历史溯源、经典流派及现代创新趋势。从基酒选择、配方到调制手法，结合经典案例，帮助读者建立从理论认知到实操应用的完整知识体系，兼具专业性与趣味性。

学习目标

知识目标

1. 掌握鸡尾酒的定义。
2. 掌握鸡尾酒的分类标准及基本结构。

技能目标

1. 学会摇和法、搅和法等核心调制技法。
2. 熟练完成5款以上经典鸡尾酒的标准制作。
3. 掌握杯具选择、装饰搭配等细节处理。

素质目标

1. 培养学生职业规范意识。
2. 培养良好的创新与酒体设计能力。
3. 能结合文化背景创作易于推广的鸡尾酒。

任务1
鸡尾酒常识

一、鸡尾酒的起源与发展

（一）鸡尾酒的起源

鸡尾酒的起源虽无从考证，但是有一点是可以肯定的，那就是它诞生于美国。关于鸡尾酒一词的由来有着很多传说。

传说1：一天，一次宴会过后，席上剩下各种不同的酒，有的杯里剩下1/4，有的杯里剩下1/2。有个清理桌子的伙计，将各种剩下的酒混在一起，一尝味道却比原来各种单一的酒好。接着，伙计按不同组合，一连几种，种种如此。之后将这些混合酒分给大家喝，结果评价都很高。于是，这种混合饮酒的方法便出名了，并流传开来。至于为何称为“鸡尾酒”而不叫伙计酒，便不得而知了。

传说2：19世纪时，美国人克里福德在哈德逊河边经营一间酒店，共有三件引以自豪的事，人称克氏三绝。一是他有一只膘肥体壮、气宇轩昂的大雄鸡，是斗鸡场上的名手。二是他的酒库据称拥有世界上杰出的美酒。三是他夸耀自己的女儿艾恩米莉是全市绝色佳人，似乎全世界也独一无二。市镇上有一个名叫阿金鲁思的年轻男子，他是哈德逊河往来货船的船员，每晚到这酒店悠闲一阵。年深月久，他和艾恩米莉坠进了爱河。这小伙子性情好，工作踏实，老克里打心里喜欢他，但又时常捉弄他说：“小伙子，你想吃天鹅肉？给你个条件吧。你赶快努力当个船长。”小伙子很有恒心，努力学习、工作，几年后终于当上了船长，艾恩米莉自然也就成了他的太太。婚礼上，老头子很高兴，他把酒窖里最好的陈年佳酿全部拿出来，调和成“绝代美酒”，并在酒杯边装饰雄鸡尾羽，美丽至极。然后为女儿和女婿干杯，并且高呼“鸡尾万岁！”自此，鸡尾酒便大行其道。

传说3：相传美国独立时期，有一个名叫拜托斯的爱尔兰籍姑娘，在纽约附近开了一间酒店。1779年，华盛顿军队中的一些官员经常到这个酒店，饮用一种叫作“布来索”的混合兴奋饮料。但是，这些人不是平静地饮酒消闲，而是经常拿店主小姑娘开玩笑，把拜托斯比作一只小母鸡取乐。一天，小姑娘气愤极了，便想出一个主意教训他们。她从农民的鸡窝里找出一根雄鸡尾羽，插在“布来索”杯子中，送给军官们饮用，以诅咒这些公鸡尾巴似的男人。客人见状虽很惊讶，但无法理解，只觉得分外漂亮，因此有一个法国军官随口高声喊道“鸡尾万岁”，从此，加以雄鸡尾羽的“布来索”就变成了“鸡尾酒”，并且一直流传至今。

传说4：许多年前，有一艘英国船停泊在犹加敦半岛的坎尔杰镇，船员们都到镇上的酒吧饮酒。酒吧楼台内有一个少年用树枝为海员搅拌混合酒。一位海员饮后，感到此酒香醇非同一般，是有生以来从未喝过的美酒。于是，他便走到少年身旁问道：“这种酒叫什么名字？少年以为他问的是树枝的名称，便回答说：“cola de gallo。”这是一句西班牙语，即“鸡尾巴”的意思。少年原以树枝类似公鸡尾羽的形状戏谑作答，而船员却误以为是“鸡尾巴酒”。从此，“鸡尾酒”便成了混合酒的别名。

（二）鸡尾酒的发展

“鸡尾酒”一词首次出现在大众媒体上是在1806年5月13日美国发行的一本杂志上，当时它是这样描述鸡尾酒的：鸡尾酒是一种混合饮品，是一种量少而冰镇的酒，由两种或两种以上的朗姆酒、威士忌或者其他烈酒、葡萄酒为基酒配以饮料、果汁、汽水、蛋清、苦汁、糖等混合而成。最后以柠檬片、橙子片或薄荷叶等进行装饰，有一定的营养价值和欣赏价值。

经过200多年的发展，鸡尾酒已不再是若干种酒及饮料的简单混合物。虽然种类繁多，配方各异，但都是由各调酒师精心设计的佳作，其色、香、味兼备，盛载考究，装饰华丽、圆润、味觉协调，观色、嗅香，更有享受、快慰之感。其独特的载杯造型，简洁妥帖的装饰点缀，无一不充满诗情画意。

二、鸡尾酒的组成

无论鸡尾酒配方有多复杂，鸡尾酒的基本组成包括三项：基酒、辅料和装饰物。

（一）基酒

基酒又名酒基、底料、酒底，以烈酒为主，在鸡尾酒中起决定性的主导作用。完美的鸡尾酒绝不是基酒的独角戏，能容纳各种加香、呈味、调色的材料。与各种成分充分地混合达到色、香、味、形俱佳的效果。选择基酒首要的标准是酒的品质、风格、特性，其次是价格。理想的鸡尾酒是用品质优良、价格适中的酒做基酒，既能保证利润空间，又能调出令人满意的酒。选择什么样的酒来做基酒，是需要有一定的技巧。

调制鸡尾酒的六大基酒分别是：金酒（Gin）、威士忌（Whisky）、白兰地（Brandy）、伏特加（Vodka）、朗姆酒（Rum）和龙舌兰酒（Tequila）。它们的用量较高，往往达到鸡尾酒总量的一半，个别鸡尾酒基酒含量低于一半（长饮类）。

随着中国白酒品种的增多，以中国白酒为基酒调制的鸡尾酒越来越受关注和欢迎。

酒吧基酒有两类，一类是专供客人点用，这类酒通常用来纯饮或者加冰饮用，按份出售。因为这种酒的成本较高，一般不用于调制鸡尾酒；另一类称为“酒吧基酒”，为了控制成本、确定调酒标准，酒吧通常使用某个固定品牌的基酒，专供调制鸡尾酒使用。调酒师们根据自己的调制风格，选用不同的品牌，几十到几百块不等。调酒师们随心所欲地使用任何一种品牌，同一杯鸡尾酒的成本可能会相差几倍到几十倍。

在酒吧中，葡萄酒和香槟一般来说不能拆散零卖。因为一旦开瓶，酒质会在短时间内发生变化。红葡萄酒开瓶后几个小时就会氧化；白葡萄酒开瓶后也只能在冰箱中存放3天；香槟开瓶后即使严实盖上，气体也会一天之内跑剩下40%。所以选用葡萄酒和香槟进行零售要格外小心，只能选取比较便宜的牌子或者整瓶出售。

一般基酒在调制时有明确的分量规定，以控制瓶装酒在散卖时的杯数。这个规定称为基酒或其他酒拆散零卖的分量标准（表6–1）。

表6–1　基酒或其他酒拆散零卖的分量标准

酒水名称	每份标准	常见瓶容量（毫升/瓶）	实际销售量（杯/瓶）
六大基酒（金酒、威士忌、白兰地、伏特加、朗姆酒、龙舌兰酒）	28毫升	700~750	25~26
人头马X.O、蓝带、轩尼诗等干邑	28毫升	700~750	25~26
金巴利等开胃酒	42毫升	700~750	16~17

续表

酒水名称	每份标准	常见瓶容量（毫升/瓶）	实际销售量（杯/瓶）
雪莉酒、波特酒	56毫升	700～750	12～13
其他餐后甜酒	28毫升	700	25
白葡萄酒	2/3杯	750	一般不拆散零售
红葡萄酒	1/2杯	750	一般不拆散零售
中国白酒	25～50毫升	500～750	一般不拆散零售

（二）辅料

1．增色增味辅料

以各类利口酒为主，如蓝色的柑香酒、绿色的薄荷酒、黄色的香草酒、白色的奶油酒、咖啡色的甘露酒等，是调酒中必不可少的增色增味剂。配酒主要包括配制酒类、葡萄酒类、香槟等。

（1）味美思（Vermouth） 意大利产的马天尼、仙山露、法国产的杜法尔都是最佳的。

（2）甘露咖啡（Kahlua） 采用上等咖啡豆，经熬煮、过滤等工艺精酿而成，酒色如咖啡，芳香、浓郁，属餐后用酒。

（3）薄荷酒（Crème de Menthe） 酒体按色泽可分为红、绿、白等，具有很高的糖度，使酒体明显浓稠，不宜直接饮用，可用于兑制鸡尾酒。

（4）红石榴糖浆（Grenadine Syrup） 石榴汁正是传统红石榴糖浆的主要原料，其他材料还有糖和额外的水再浓缩和过滤而成，色红，味酸甜。为饮品增甜及加入鲜红色光泽。

（5）可可酒（Crème de Cacao） 是一种用可可豆制成的利口酒。它有棕、白两种颜色。可可豆中独含的植物油有美容肌肤的效果，所以深得女士的钟爱。

（6）樱桃酒（Cherry Wines） 用樱桃酿造的酒。樱桃营养丰富，所含蛋白质、糖、磷、胡萝卜素、维生素C等均比苹果、梨高，尤其含铁量高。

（7）紫罗兰酒（Crème de Violette） 一种融合了天然紫罗兰香气的美酒，其原料包括紫罗兰或人造紫罗兰色素与香料，以及白兰地或中性烈酒。

（8）柑香酒（Curacao） 产于库拉索岛的各种类型的具有橙子香味的酒。

（9）茴香酒（Anise） 茴香酒因为香味独特，很多人并不十分喜欢，也较少用于鸡尾酒调制，但在国外却非常受消费者青睐。

（10）葡萄酒（Wines） 葡萄酒用于鸡尾酒调制时用量并不多，但也同样可以起到增色增味的作用。

（11）香槟酒（Champagne） 是一种经典的起泡葡萄酒，只有在法国香槟区用指定葡萄酒品种和方法酿制的起泡葡萄酒，才能称得上是香槟酒。也经常被用于调制高级鸡尾酒。

2．碳酸饮料

（1）可乐（Cola） 一种含有咖啡因的碳酸饮料。其中以可口可乐、百事可乐最为出名。此外，很多不同的国家也有自己的可乐饮料，配方大不相同，各具特色。还有各种含糖、低糖、无糖可乐，其中无糖可乐是加以代糖（甜味剂、阿斯巴甜等）进行增甜。

（2）雪碧（Sprite） 是一款柠檬味汽水饮料，1961年由可口可乐公司推出的第三个品牌。雪碧汽水产品与可口可乐公司的其他饮料产品齐头并进，如今已经成为美国发展速度领先的主要非酒精饮料产品之一，并且是全球的柠檬味汽水非酒精饮料产品之一。

（3）苏打水（Soda Water） 苏打水是碳酸氢钠的水溶液，也称弱碱性水。它可以天然形成，也可以通过机器或弱碱泡腾片、苏打泡腾片快速溶解而成。天然苏打水含有多种矿物质，如钾、镁等，味道比较清淡，还有轻微的气泡感。苏打水在食品加工领域也有广泛应用，可以作为一种原料来制作饮料等。

（4）奎宁水（Tonic Water） 是由苏打水、糖、水果提取物以及奎宁调配而成的液体，也称通宁水、汤力水，是一种汽水类的软性气泡饮料，经常被用来与烈酒调配各种鸡尾酒。

（5）干姜水（Ginger Ale） 由碳酸水（水、二氧化碳）、干姜提取液、食品添加剂组成的一款姜味碳酸汽水，适合调制各种鸡尾酒和饮料，可为其发挥别树一帜的美味，可谓相得益彰。

3．果蔬汁

它包括各种罐装、瓶装和现榨的各类果蔬汁，如橙汁、柠檬汁、青柠汁、苹果汁、西柚汁、芒果汁、西瓜汁、椰汁、菠萝汁、番茄汁、西芹汁、胡萝卜汁、综合果蔬汁等。

（1）鲜果汁 是用新鲜水果榨汁。用于鸡尾酒调制时可以批量榨汁，密封好放在冰箱当天用完。调制的鸡尾酒用鲜果汁成本会比较高。

（2）果汁 多指瓶装果汁、NFC（非浓缩还原汁）果汁等。要使用纯果汁，不要用果汁饮料，否则会影响鸡尾酒调制的风味。

（3）柠檬汁（Lemon Juice） 用新鲜的柠檬榨汁使用，除非应急采用瓶装的，是最常用的鸡尾酒用果汁。

（4）青柠汁（Lime Juice） 用新鲜青柠檬榨汁使用，除非应急采用瓶装的，也是比较常用的鸡尾酒用果汁。目前酒吧常用的青柠汁以“屈臣氏”的品牌为主，也有其他青柠汁浓浆。

（5）菠萝汁（Pineapple Juice） 使用100%菠萝汁，多为罐装或者瓶装。

（6）番茄汁（Tomato Juice） 使用100%番茄汁，多为罐装或者瓶装。

（7）芒果酱（Mango Nectar） 多用来调制朗姆酒。

4．水

水包括矿泉水、纯净水、天然水等。

（1）矿泉水 主要是指饮用天然矿泉水。饮用天然矿泉水是从地下深处自然涌出的或经钻井采集的，含有一定量的矿物质、微量元素或其他成分。矿泉水必须是深层地下水，其含有的矿物质或二氧化碳等成分必须达到国家标准中界限指标里的一项或一项以上。

（2）纯净水 饮用纯净水采用蒸馏法、电渗析法、离子交换法、反渗透法或其他适当的水净化工艺加工制成。市面上的蒸馏水也属于纯净水。

（3）天然水/天然泉水 饮用天然水和饮用天然泉水都是以未经过公共供水系统的自然来源的水为水源制成的，来自水井、山泉、水库、湖泊或高山冰山等，而天然泉水只能来自地下泉水。

这两类水只需要最小限度的处理，即去除了水中的有害物质，又保留了水中原有的对人类有益的矿物质和微量元素。不同水源地的天然水/天然泉水其矿质元素比例不同，口感也有差异。

5．其他调配料

调制鸡尾酒的时候其他调配料占比非常小，但在其中却发挥着重要的地位，常用品如下。

（1）砂糖（Sugar） 砂糖在鸡尾酒调制中具有多种用途和作用。砂糖主要用于提供甜味，平衡酒体的味道，并且可以通过不同的种类来调整鸡尾酒的口感和风味。不同类型的砂糖（如赤砂糖、黄砂糖、多晶冰糖等）可以为鸡尾酒带来不同的口感和风味，增加酒体的层次感。

（2）鸡蛋（Egg） 其实鸡蛋酒最早来自英国，据说在中世纪就已经开始流行。在伊丽莎白时代，人们把香料、牛奶、鸡蛋和加强型葡萄酒调成鸡蛋酒。

（3）盐（Salt） 又称幼盐、细盐。多数指精盐。

（4）胡椒粉（Pepper） 胡椒粉在调酒中主要用于增加风味和口感。它可以为鸡尾酒带来微妙的辛辣味，提升整体的复杂度和层次感。例如，在血腥玛丽中，胡椒粉的加入可以使酒液的风味和口感更加丰富和有层次。

（5）辣椒汁（Tabasco Pepper Sauce） 产于美国，美国“辣椒仔辣汁系列”由艾佛瑞岛的麦克尼家族创制，已有多年的历史。选用辣椒混合食盐在橡木桶内酿制3年，再加入食醋搅匀，辣味香浓醇厚，风味倍显独特。被一些中国消费者亲切地称为“美国老干妈”。

（6）喼汁（Lea & Perrins Sauce） 一种起源于英国的调味料，主要成分包括醋、蒜、酱油、罗望子等，色泽黑褐色，味道酸甜微辣。它最初是由李派林在英国伍斯特郡发明，因此也被称为伍斯特郡酱汁或英国黑醋。

（7）安哥斯特拉苦精（Bitter） 苦精，作为鸡尾酒中的调味剂，其实是一种由树根、树皮、果皮、种子、香料、草药、花卉和植物浸制而成的高浓度酒精或甘油混合物。它不仅在鸡尾酒中有着不可或缺的地位，更因其丰富的药用价值而被广泛宣传，如治疗头痛、消化不良、胃痉挛甚至便秘。

（8）咖啡（Coffee） 热咖啡和冰咖啡都可以用于调制鸡尾酒，但不宜使用太苦的咖啡。

（9）巧克力粉（Coco Powder） 可以用来调制独特的鸡尾酒，增加浓郁的巧克力风味。

（10）鲜奶油（Cream） 某些鸡尾酒配方会利用鲜奶油的独特风味来增添复杂性和深度。口感更加丰富，带来丝滑的质感。

（11）牛奶（Milk） 牛奶中的脂肪和蛋白质可以柔化酒精的刺激，使饮品更加圆润和温和。

6．冰

冰是鸡尾酒的生命，其作用非同小可。冰在鸡尾酒中的作用不仅能降温，而且能影响口感、风味和整体饮用体验。冰在鸡尾酒中的分类如下。

（1）冰块（Cube） 冰块相比碎冰表面积小，棱角更少，化冻慢、不容易稀释酒液，食客可以花较长时间慢慢品味一杯酒。

（2）球冰（Ice Ball） 球冰通常由方形冰块制成，需要用凿冰器来制作。这种冰块适用于加冰净饮的酒，比如放在岩石杯里的威士忌。

（3）碎冰（Crushed Ice） 通常用在味道浓烈的酒里，它会迅速融入酒中，稀释酒，使酒变得冰冽，方便更快地饮用，让口感更柔顺，比如莫吉托鸡尾酒。

（4）裂冰（中小冰块） 适用于大部分用搅和法调制的鸡尾酒，不容易“出水”但又有点口感。

（5）柯林冰（Collin Ice） 柯林冰其实就是长条冰，适用于某些特定鸡尾酒。例如，在制作嗨棒（Highball）鸡尾酒时，柯林冰就是方摇的高端替代品。

（6）大块冰（Lump of Ice）　指每块重50克以上的大冰块。多用于鸡尾酒会中的缤治饮料。

（7）冰坨（Block of Ice）　也称岩石冰。将大块冰打成直径7～8厘米的冰坨，主要用于岩石酒（On The Rock）类鸡尾酒。

（三）装饰物（Garnish）

1．装饰物的分类

（1）水果类装饰　鸡尾酒常用的装饰物有新鲜水果。例如，用柠檬片、柠檬皮、橙片、橙皮、樱桃、草莓、蓝莓等水果进行装饰，不仅可以增添鸡尾酒的色彩和视觉效果，还可以为饮品带来清新的口感。在所有的鸡尾酒装饰中，柑橘皮是最经典且使用最广泛的。除视觉上的吸引力外，柑橘类果皮还充满芳香油，这些芳香油会增加鸡尾酒的味觉深度，简单来说会让鸡尾酒更香。此外，个别水果还可以作为容器进行装饰，如椰壳、菠萝。

（2）糖果和巧克力装饰　色彩斑斓的糖果可以增添鸡尾酒的视觉效果，而巧克力碎片或巧克力酱则能为饮品带来独特的口感和香气。

（3）绿叶和花卉装饰　一些鸡尾酒还会使用绿叶和花卉进行装饰，如薄荷叶、玫瑰花等。这些装饰物不仅能够增添饮品的色彩和美感，还可以为饮品带来自然的清香。

酒吧里最常用的是薄荷叶，无论颜色还是气味，薄荷做装饰确实很清新，从成本方面考虑也是上上之选。

类似的还有迷迭香、百里香、罗勒叶等，但是从采购方便程度和成本而言，相比薄荷叶都相对逊色，所以只能位列第二梯队。

（4）气泡和小装饰品　最常见的是苦艾酒、橙花水喷雾，直接用气味做装饰增加鸡尾酒的氛围感。此外，还常使用一些气泡和小装饰品来增添趣味性，并且增强视觉吸引力。例如，可以利用气泡水、干冰等来制造烟雾效果，或者加入彩色纸伞、羽毛等小装饰品来增添鸡尾酒的趣味性。

鸡尾酒的种类繁多，装饰也多种多样。不同的鸡尾酒会采用不同的装饰物来增添饮品的色彩、口感和趣味性。以上所提及的装饰物只是其中的一部分，实际上还有许多其他的装饰物可以用于鸡尾酒的装饰，具体使用哪种装饰物还需要根据鸡尾酒类型和主题来决定。

2．常见鸡尾酒装饰物制作方法

（1）水果片　水果片作装饰物的步骤较为简单，一般将水果切成美观且大小、形状适宜的薄片挂杯即可，如柠檬片（图6–1）、菠萝片（图6–2）。

（2）水果皮　选用水果皮作为鸡尾酒装饰物也是较为常见的，多以柠檬皮、橙皮为首选。

以下是柠檬皮装饰物（表6–2）和橙皮装饰物（表6–3）的制作方法表。

图6–1　柠檬片装饰

图6–2　菠萝片装饰

表6-2　柠檬皮装饰物制作方法表

图片讲解	制作方法	注意事项
	取出一只柠檬	要选取完好无伤的新鲜柠檬
	使用食用盐揉搓柠檬表面	需要稍用力揉搓食盐颗粒，因为柠檬皮上有灰尘、农药残留或人工打蜡
	将柠檬进行深度清洗	用清水彻底冲净避免咸味残留
	将柠檬的两头切除	注意用刀安全
	从中间切开	注意不要破坏果肉
	取一半，再从中间切开	注意不要破坏果肉
	使用小刀将果肉剔除	注意不要破坏果肉，从肉皮中间的白色组织分开

续表

图片讲解	制作方法	注意事项
	压平柠檬皮后，进行改刀	注意柠檬皮宽度的掌握
	改刀	注意柠檬皮宽度的掌握
	继续改刀	注意柠檬皮宽度的掌握
	将改刀后的柠檬皮夹到出品杯上	注意力度，不能弄坏柠檬皮，出品时要注意对客人的朝向，方便客人欣赏

表6-3　橙皮装饰物制作方法表

图片讲解	制作方法	注意事项
	取出一只橙子	要选取完好无伤的橙子
	使用食用盐揉搓橙子表面	需要稍用力揉搓食盐颗粒，因为橙皮上有灰尘、农药残留或人工打蜡

续表

图片讲解	制作方法	注意事项
	将橙子进行深度清洗	用清水彻底冲净避免咸味残留
	将橙子的两头切除	注意用刀安全
	从橙子中间切开	注意不要破坏果肉
	取一半，再从中间切开	注意不要破坏果肉
	再取一半，再从中间切开	注意不要破坏果肉
	使用小刀将果肉剔除	注意不要破坏果肉
	压平橙子皮后，进行改刀	注意不要破坏果肉，从肉皮中间的白色组织分开

续表

图片讲解	制作方法	注意事项
	改刀	注意橙皮宽度的掌握
	将改刀后的橙皮夹到出品杯上	注意力度，不能弄坏橙皮，出品时要注意对客人的朝向，方便客人欣赏

（3）奶泡和奶油　奶泡主要用于热饮，尤其是咖啡饮品，也常用于类似草莓得其利这样的鸡尾酒（图6–3）。奶油（图6–4）可以直接从商店购买。一些厂家还生产有巧克力味的奶油以及不含脂肪的奶油。奶泡和奶油一般在调制鸡尾酒的最后步骤中使用。

（4）其他　酒扦穿橄榄（图6–5）、酒扦穿樱桃（图6–6）、草莓果切（图6–7）、水蜜桃果切（图6–8）、薄荷叶（图6–9）等都是很常见的鸡尾酒装饰方法。酒扦穿橄榄一般置于酒杯中；酒扦穿樱桃一般固定在酒杯边沿；草莓果切和水蜜桃果切一般会在底部切一刀，骑在

图6-3　奶泡装饰鸡尾酒

图6-4　常见奶油品种

图6-5　酒扦穿橄榄

图6-6　酒扦穿樱桃

图6-7　草莓果切

图6-8　水蜜桃果切

图6-9　薄荷叶

杯边即可；薄荷叶直接加入杯中即可。

三、鸡尾酒的分类

（一）按调制方法分类

1. 长饮类（Long Drinks）

这类鸡尾酒是指那些适合长时间饮用的鸡尾酒，通常在30分钟左右饮用完毕，使用大杯子盛放，并可能加入冰块、碎冰、果汁或碳酸饮料。这类鸡尾酒的酒度较低，一般在10%vol～20%vol。常见的长饮类鸡尾酒包括长岛冰茶（Long Island Iced Tea）、莫吉托（Mojito）、金汤力（Gin Tonic）和椰林飘香（Pina Colada）等。

2. 短饮类（Short Drinks）

这类鸡尾酒的酒精浓度通常在30%vol以上，分量较少，一般用小杯或矮杯装。短饮类鸡尾酒对温度和冰块的化水率有较高要求，为保证鸡尾酒的口感和风味，最好在10～20分钟内饮用完毕。常见的短饮类鸡尾酒包括威士忌酸（Whisky Sour）、教父（The Godfather）、破冰船（Ice Breaker）等。

3. 热饮类（Hot Drinks）

此类鸡尾酒用沸水、热咖啡或热牛奶进行调制，如热托蒂（Toddy）、热顾乐（Grog）等。

（二）按基酒分类

根据所用基酒不同，将鸡尾酒分为白兰地类、威士忌类、金酒类、朗姆酒类、伏特加类、特基拉类及其他类。本教材将以基酒的不同介绍各种鸡尾酒的调制方法。

1. 白兰地类鸡尾酒

它们是以白兰地为基酒调制而成的各种鸡尾酒，如边车（Side Car）等鸡尾酒。

2. 威士忌类鸡尾酒

它们是以威士忌为基酒调制而成的各种鸡尾酒，如威士忌酸（Whisky Sour）等鸡尾酒。

3. 金酒类鸡尾酒

它们是以金酒为基酒调制而成的各种鸡尾酒，如金菲士（Gin Fizz）、红粉佳人（Pink Lady）等。

4. 朗姆酒类鸡尾酒

它们是以朗姆酒为基酒调制而成的各种鸡尾酒，如自由古巴（Cuba Libre）、莫吉托（Mojito）。

5. 伏特加类鸡尾酒

它们是以伏特加为基酒调制而成的各种鸡尾酒，如大都会（Cosmopolitan）、血腥玛丽（Bloody Mary）。

6. 特基拉类鸡尾酒

它们是以特基拉酒为基酒调制而成的各种鸡尾酒，如玛格丽特（Margarita）、龙舌兰日出（Tequila Sunrise）等。

7. 香槟酒类鸡尾酒

它们是以香槟酒为基酒调制而成的各种鸡尾酒，如香槟鸡尾酒（Champagne Cocktail）等。

8．利口酒类鸡尾酒

它们是以利口酒为基酒调制而成的各种鸡尾酒，如B-52轰炸机等。

9．葡萄酒类鸡尾酒

它们是以葡萄酒为基酒调制而成的各种鸡尾酒，如爱丽丝（Alice）等。

10．中国酒类鸡尾酒

它们是以中国白酒为基酒调制而成的各种鸡尾酒。中国传统白酒一度被认为不适合做鸡尾酒的基酒。传统白酒的度数比世界上其他知名烈酒高出10°左右，强烈的气味，足以掩盖其他成分的味道和香气。

2019年1月1日实施的《预调鸡尾酒》团体标准开始实施，按照标准的定义：预调鸡尾酒是以蒸馏酒、发酵酒、配制酒等为基酒，加入可食用原料（糖、果蔬汁等）或药食两用的原料、辅料、食品添加剂等，进行调配、混合，含有或不含有二氧化碳的饮料酒。很明显，中国白酒符合标准中蒸馏酒的范畴，中国白酒在标准的保障下，陆续出现在鸡尾酒中。

随着时代的变迁，白酒低度化、时尚化需求上升，鸡尾酒就代表着这样一种趋势。在调酒师的手中，更多中国风的鸡尾酒被调制出来，必将为白酒的创新与发展带来新的经验与契机。

（三）按饮用场合分类

1．餐前鸡尾酒

它是以增加食欲为目的的混合酒，口味分甜和不甜两种。如被称为混合酒鼻祖的马天尼（Martini）和曼哈顿（Manhattan）便属于此类。

2．俱乐部鸡尾酒

在用正餐（午餐、晚餐）时，或代替头盆、汤菜时提供。这种混合酒色泽鲜艳、富有营养并具有刺激性。如三叶草俱乐部鸡尾酒（Clover Club Cocktail）。

3．餐后鸡尾酒

几乎所有餐后鸡尾酒都是甜味酒，如亚历山大（Alexander）。

4．晚餐鸡尾酒

晚餐时饮用的鸡尾酒，一般口味很辣，如法国的鸭臣（Absinthe）。

5．香槟鸡尾酒

在庆祝宴会上饮用，先将调制混合酒的各种材料放入杯中预先调好，饮用时斟入适量香槟酒即可。

（四）按族系分类

1．可乐达（Colada）

组合：烈酒+果汁+椰奶。

起源：20世纪50年代初期发源于波多黎各。

制作：以果汁机或雪克杯调制。

装盛酒杯：高球杯。

代表鸡尾酒：椰林飘香。

2. 菲士（Fizz）

组合：烈酒+柠檬+糖。
起源：19世纪70年代发源于美国。
制作：以雪克杯调制。
装盛酒杯：高球杯。
代表鸡尾酒：金菲士。

3. 嗨棒（Highball）

组合：烈酒+苏打水。
起源：19世纪90年代发源于纽约。
制作：直接倒入杯中混合。
装盛酒杯：高球杯，需加入冰块。
代表鸡尾酒：自由古巴。

4. 柯林斯（Collins）

组合：烈酒+柠檬汁+糖+气泡水。
起源：1800年由名为约翰·柯林斯的酒保在伦敦发明。
制作：直接倒入杯中混合。
装盛酒杯：高球杯。
代表鸡尾酒：汤姆柯林斯。

5. 菲丽普（Flip）

组合：烈酒或哑葡萄酒+蛋+糖+肉豆蔻磨粉。
起源：19世纪初发源于英国。
制作：以雪克杯调制。
装盛酒杯：葡萄酒杯。
代表鸡尾酒：波特菲丽普。
哑葡萄酒（Vin Muté/Dumb Wines）指现在缺乏香气，但是具有陈年潜力的葡萄酒。

6. 朱利普（Julep）

组合：烈酒+薄荷叶+糖（或糖浆）。
起源：18世纪发源于美国。
制作：以雪克杯调制。
装盛酒杯：圆柱形金属杯，需加入碎冰。
代表鸡尾酒：薄荷朱利普。

7. 酸酒（Sour）

组合：烈酒+柠檬汁+糖+蛋清。
起源：18世纪50年代发源于英国。
制作：以雪克杯调制。
装盛酒杯：古典杯。
代表鸡尾酒：威士忌酸。

8. 缤治（Punch）

组合：烈酒+柠檬汁+水+糖+果汁。
起源：17世纪发源于巴巴多斯。

制作：直接倒入杯中混合。
装盛酒杯：高球杯，需加入碎冰。
代表鸡尾酒：绿巨人。

9. 托蒂（Toddy）

组合：烈酒+热水+糖+柠檬片+香料。
起源：18世纪发源于西印度群岛。
制作：直接倒入杯中混合。
装盛酒杯：托蒂杯。
代表鸡尾酒：爱尔兰派托蒂。

10. 霸克（Buck）

组合：烈酒+柠檬汁+姜汁汽水+柠檬皮丝。
起源：20世纪初发源于伦敦。
制作：直接倒入杯中混合。
装盛酒杯：古典杯。
代表鸡尾酒：金霸克。

11. 酷伯乐（Cobbler）

组合：烈酒+葡萄酒+糖+当季水果（装饰用）。
起源：21世纪初发源于美国。
制作：直接倒入杯中混合，需加入碎冰。
装盛酒杯：古典杯。
代表鸡尾酒：雪莉酷伯乐。

12. 酷乐（Cooler）

组合：烈酒+姜汁汽水+糖。
起源：19世纪末发源于美国。
制作：直接倒入杯中混合。
装盛酒杯：高球杯，需加入冰块。
代表鸡尾酒：荔枝酷乐。

13. 蛋酒（Eggnog）

组合：烈酒+蛋黄+牛奶+糖。
起源：18世纪末发源于美国。
制作：以雪克杯调制。
装盛酒杯：高球杯。
代表鸡尾酒：得州农场蛋酒。

14. 里奇（Rickey）

组合：烈酒+青柠汁+气泡水。
起源：20世纪初发源于美国。
制作：直接倒入杯中混合。
装盛酒杯：高球杯，需加入冰块。
代表鸡尾酒：金里奇。

15. 黛西（Daisy）

组合：烈酒+柠檬汁+糖+库拉索酒+气泡水。

起源：19世纪70年代发源于美国。

制作：直接倒入杯中混合。

装盛酒杯：高球杯。

代表鸡尾酒：白兰地黛西。

16. 帕佛（Puff）

组合：烈酒+牛奶+糖+气泡水。

起源：19世纪末发源于美国。

制作：直接倒入杯中混合。

装盛酒杯：高球杯，需加入冰块。

代表鸡尾酒：奶油帕佛。

17. 普施咖啡（Pousse Café）

“普施咖啡”是指不同颜色分层的小杯调酒，它很有可能源自法国，只是年代太久远已不可考。

四、鸡尾酒的工具和设备

（一）酒杯

1. 酒杯特点和类型

（1）平底无脚杯（Tumbler） 杯身有直线形、曲线形、外倾形，通常用所装饮品来命名。

（2）矮脚杯（Footed Glass） 杯脚较矮，粗壮结实。

（3）高脚杯（Goblet） 杯脚修长，光洁透明。

2. 常用载杯

（1）马天尼杯（图6-10）

酒款：马天尼、亚历山大、大都会、边车。

倒三角形带柄，短饮鸡尾酒也适用，杯子线条简洁，杯身设计可以清楚看到装饰物。

图6-10 马天尼杯

（2）蝶形香槟杯（图6-11）

酒款：曼哈顿、边车。

杯口宽而浅，搭建香槟塔必不可少的酒杯。香槟杯还有郁金香形和笛形两种器形。

图6-11 蝶形香槟杯

（3）雪莉杯（图6-12）

酒款：雪莉酒、波特酒。

杯底有握柄，为内凹之弧状。

图6-12 雪莉杯

（4）玛格丽特杯（图6-13）

酒款：玛格丽特。

蝶形香槟杯的变体，杯柄较高，杯身下半部分是以龙舌兰为基酒的鸡尾酒。

（5）子弹杯（图6–14）

酒款：B–52轰炸机、天使之泪。

杯底厚实、杯身线条柔滑。不加冰的情况下饮用除白兰地以外的蒸馏酒时用到的杯子。

（6）柯林杯（图6–15）

酒款：汤姆柯林斯、长岛冰茶。

杯身圆柱形，瘦且长杯壁。用来盛以气泡元素原料为基酒的鸡尾酒。

图6-13　玛格丽特杯

图6-14　子弹杯

图6-15　柯林杯

（7）古典杯（图6–16）

酒款：古典、教父。

杯沿较宽，杯底较厚，非液体成分可直接在杯中搅碎。加冰情况下饮用蒸馏酒时主要使用这种杯子。

（8）白兰地杯（图6–17）

酒款：白兰地。

杯口小、腹部宽大的矮脚酒杯。品白兰地需用手温去温暖酒，才会产出香气，因而杯脚较低，杯口呈郁金香形，防止香气散发。

（9）爱尔兰咖啡杯（图6–18）

酒款：爱尔兰咖啡、热托蒂。

用于热饮鸡尾酒，有杯脚和矮杯柄，带有手柄方便持杯。盛放以咖啡、威士忌为原料制成的鸡尾酒。

图6-16　古典杯

图6-17　白兰地杯

图6-18　爱尔兰咖啡杯

（10）格兰凯恩杯（图6–19）

酒款：威士忌。

专业品鉴用杯，杯腹较大可以聚集香气，杯口收拢凸显风味，被誉为鼻尖上放大镜。

（11）飓风杯（图6–20）

酒款：椰林飘香、新加坡司令、龙舌兰日出。

杯柄短杯身长，整体形状类似花瓶，适合混合冰镇类饮品，在热带地区常见。

（12）Tiki杯（图6–21）

酒款：僵尸。

各种形状和大小，常见是管状，装饰图腾柱的Tiki石像或小雕像。多以朗姆酒为基底，搭配各种热带果汁调制而成。

图6–19 格兰凯恩杯

图6–20 飓风杯

图6–21 Tiki杯

（二）常用设备

1. 电冰箱（Refrigerator）

电冰箱是酒吧中冷藏酒水饮料、保存酒水或者其他调酒用品的（图6–22），其大小根据酒吧实际情况进行购置。柜内要求温度为4～8℃。通常水果、白葡萄酒、香槟、啤酒、果汁、装饰物、奶油、巧克力等都放进冰箱中冷藏。

2. 立式冷柜（Wines Cooler）

立式冷柜是专门存放香槟、冷饮或者白葡萄酒用（图6–23），里面分为横竖的不同格子，香槟和白葡萄酒横插入存放，温度为4～8℃。

3. 制冰机（Ice Cube Machine）

制冰机是一种通过制冷系统将水冷却生成冰的机械设备（图6–24）。根据蒸发器和生成过程的不同，制冰机可以分成多种类型，包括颗粒冰机、片冰机、板冰机、管冰机、壳冰机等。此外，制冰机的冰形主要分为雪花形、子弹头形和方块形，每种形状都有其独特的特点

图6–22 电冰箱

图6–23 立式冷柜

图6–24 制冰机

和应用场景。

4．碎冰机（CrushedIce Machine）

鸡尾酒制作中经常会用到碎冰，有的碎冰机是直接制作出细小的冰粒，还有的碎冰机是将冰块研磨成冰末状，就像人们常见的“雪”一样（图6–25）。

5．生啤机（Draught Machine）

生啤酒为桶装，一般客人喜欢喝冰啤酒，生啤机专为此设计（图6–26）。生啤机分为两部分——气瓶和制冷设备。气瓶装二氧化碳用，输出管连接到生啤酒桶，有开关控制输出气压。工作时输出气压保持在2.5兆帕（有气压表显示）。气压低表明气体用完，需另换新气瓶。制冷设备是急冷型的。整桶的生啤酒无须冷藏，连接制冷设备后，输出来的便是冷的生啤酒，泡沫厚度可由开关控制。生啤机不用时，必须断开电源，并取出插入生啤酒桶口的管子。生啤机需每15天由专业人员清洗一次。

6．洗杯机（Washing Glass Machine）

洗杯机中有自动喷射装置和高温蒸汽管（图6–27）。较大的洗杯机可放入整盘的杯子进行清洗。一般将酒杯放入洗杯机里，调好程序，按下按钮即可清洗。有些较先进的洗杯机还有自动输入清洁剂和催干剂装置。洗杯机有许多种，型号各异，可根据需要选用。如一种较小型的旋转式洗杯机，每次只能洗一个杯子，一般装在吧台的边上。在许多酒吧中因资金和地方的限制，还得用手工清洗，手工清洗需要有清洗槽。洗涤后的酒杯应扣放在滴水板上使其自然风干，以保障酒杯清洁、干净。洗杯机的实用性不是很强，因为有很多特殊杯子的清洗要求较高，不能用洗涤剂和机器清洗，只能手洗。

图6–25 碎冰机

图6–26 生啤机

图6–27 洗杯机

7．电动搅拌机（Blender）

电动搅拌机是用来搅拌材料的设备（图6–28），专门用于调制分量多或材料中有固体实物难以混合的鸡尾酒。

8．果汁机（Juice Machine）

果汁机（图6–29）有多种型号，主要作用有两个，一是冷冻果汁；二是自动稀释果汁（浓缩汁放入后可自动与水混合）。

9．奶昔搅拌机（Blend Milk Shaker）

奶昔搅拌机可快速搅拌食材，打造出细腻奶昔（图6–30）。奶昔搅拌机功率多样，有适合家用的小巧型，也有适合商用的大功率款。

10. 咖啡机（Coffee Machine）

咖啡机集研磨咖啡豆、萃取浓缩咖啡、制作奶泡等功能于一体（图6-31），操作便捷，有着许多样式和型号。

11. 咖啡保温炉（Coffee Warmer）

将煮好的咖啡装入大容器中，并放在咖啡保温炉上可保持温度（图6-32）。

图6-28 电动搅拌机

图6-29 果汁机

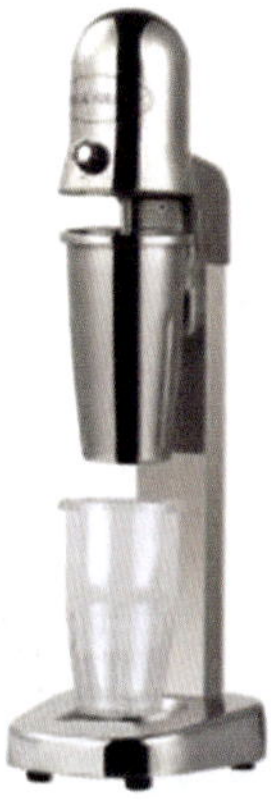

图6-30 奶昔搅拌机

图6-31 咖啡机

图6-32 咖啡保温炉

（三）常用器具

1. 酒吧开刀（Waiter's Knife）

酒吧开刀俗称开塞钻，用于开启红葡萄酒、白葡萄酒酒瓶的木塞，也可用于开汽水瓶、果汁罐头（图6-33）。

2. T形开塞器（T-screw）

T形开塞器是用于开启红葡萄酒酒瓶、白葡萄酒酒瓶的软木塞（图6-34）。

3. 滤冰器（Strainer）

滤冰器是用于在摇壶中过滤掉冰块，让鸡尾酒注入酒杯的一种器具（图6-35）。

4. 调酒杯（Mixing Glass）

调酒杯大多数为玻璃器皿，包括在酒吧内部使用的酒杯等，数量最多的是酒杯（图6-36）。

5. 摇壶（Cocktail Shaker）

摇壶用于调制鸡尾酒，同时使之冷却（图6-37），按容量分大、中、小三种型号。

6. 量酒器（Measuring Glass）

量酒器是用于度量酒水的容量（图6-38）。

7. 吧匙（Bar Spoon）

吧匙分大、小两种，用于调制鸡尾酒或混合饮料的长柄匙，一面是匙，另一面呈叉状（图6-39）。

8. 调酒棒（Mixing Stirrer）

调酒棒是用于搅拌鸡尾酒，也可作为串叉水果、调碎砂糖的长棒（图6-40）。

9. 榨汁器（Squeezer）

榨汁器是在挤新鲜水果汁时使用（图6-41）。

图6-33 酒吧开刀

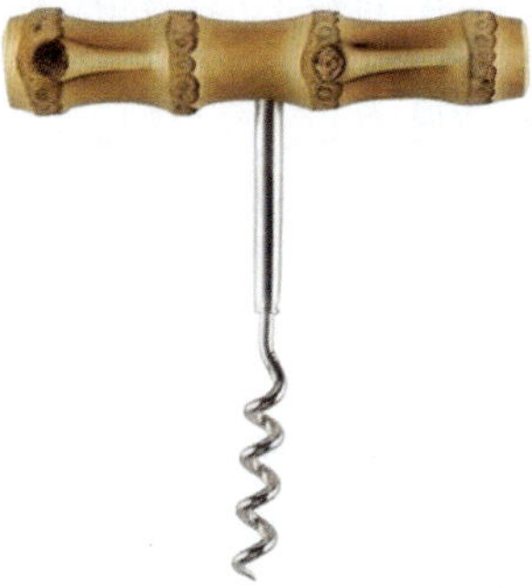

图6-34 T形开塞器

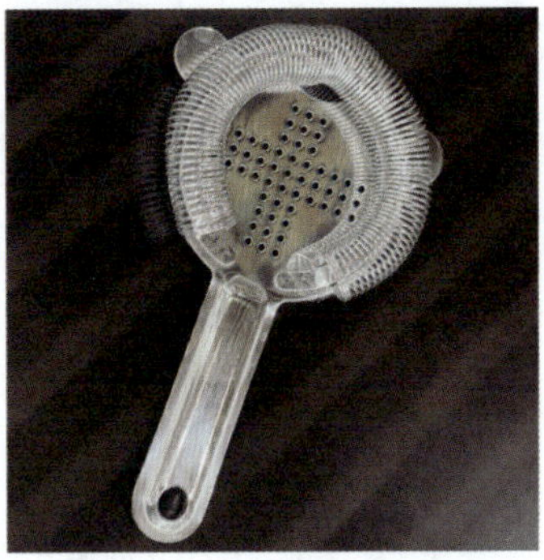

图6-35 滤冰器

图6-36 调酒杯

图6-37 摇壶

图6-38 量酒器

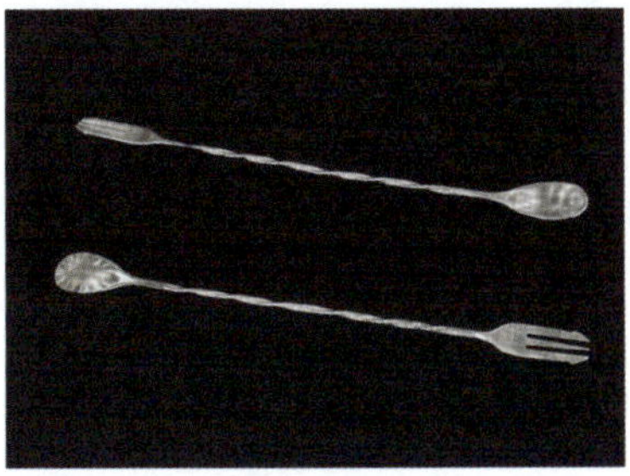

图6-39 吧匙

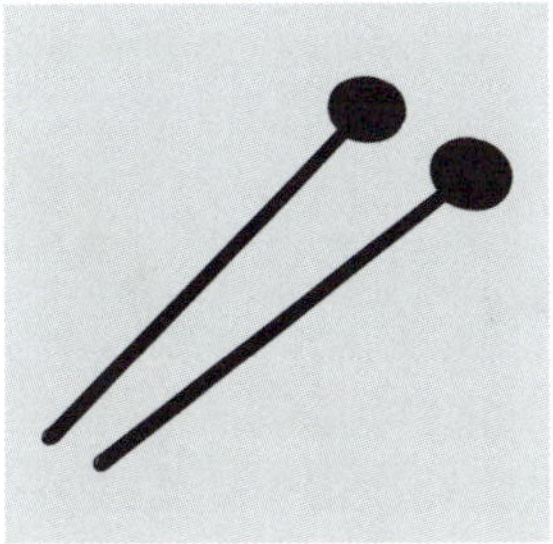

图6-40 调酒棒

图6-41 榨汁器

10. 冰桶（Ice Bucket）

冰桶为不锈钢或玻璃制品，是盛冰块的专用容器，便于操作时取用，并能保温，使冰块不会迅速融化（图6-42）。

11. 冰夹（Ice Tongs）

冰夹是用不锈钢制成，用来夹取冰块放到酒杯中或摇酒壶内（图6-43）。

12. 冰铲（Ice Scoop）

冰铲用于由制冰机向杯子内或摇酒壶、冰桶等容器中盛舀冰块（图6-44）。

13. 碎冰器（Ice Smash）

碎冰器是将普通冰块碎成小冰块时使用的器具（图6-45）。

14. 冰锥（Ice Pick）

冰锥是用于将冰块戳碎的锥子（图6-46）。

15. 长勺（Long Spoon）

长勺是调制热饮时代替调酒棒使用的长把勺（图6-47）。热饮温度较高，不宜使用塑料调酒棒，否则调酒棒易弯曲，酒味也易浑浊。

16. 香槟桶（Champagne Cooler）

香槟桶有木制、不锈钢制和银制三种，桶内放碎冰块和水，用于冰镇香槟酒、气泡酒、白葡萄酒（图6-48）。

17. 砧板（Cutting Board）

砧板是用于切水果等装饰物的板（图6-49）。

18. 果刀（Knife）

果刀主要用于切水果等装饰物（图6-50）。

图6-42 冰桶

图6-43 冰夹

图6-44 冰铲

图6-45 碎冰器

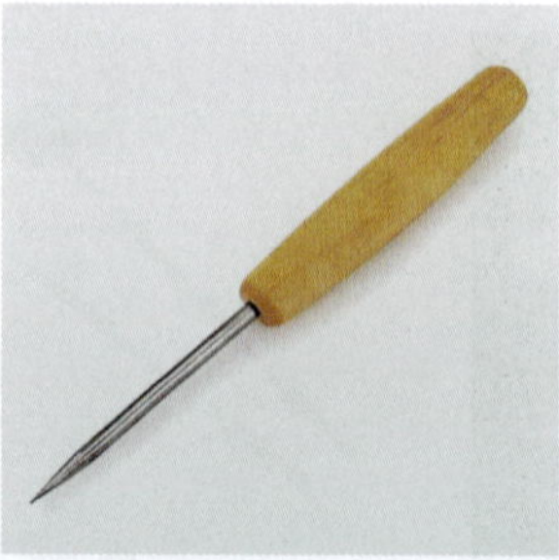
图6-46 冰锥

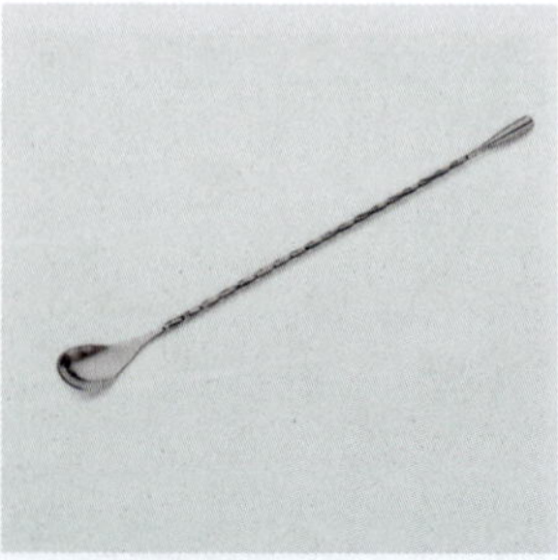
图6-47 长勺

19．长叉（Bar Fork）

长叉为不锈钢制品，用于叉取樱桃及橄榄等（图6-51）。

20．开瓶器（Corkscrew）

酒吧中开瓶器种类较多，用于开汽水、啤酒类瓶盖的，也有用于开罐头的（图6-52）。

21．木槌（Mallet）

木槌多用于制作碎冰块（图6-53）。

22．口布（Napkin）

口布一般用于包裹冰块，以便敲打冰块，也用于擦杯子（图6-54）。

23．抹布（Towel）

抹布用于清洁桌面（图6-55）。

24．糖盅（Sugar Bowl）

糖盅用来盛放砂糖（图6-56）。

25．盐盅（Salt Bowl）

盐盅用来盛放细盐（图6-57）。

图6-48　香槟桶

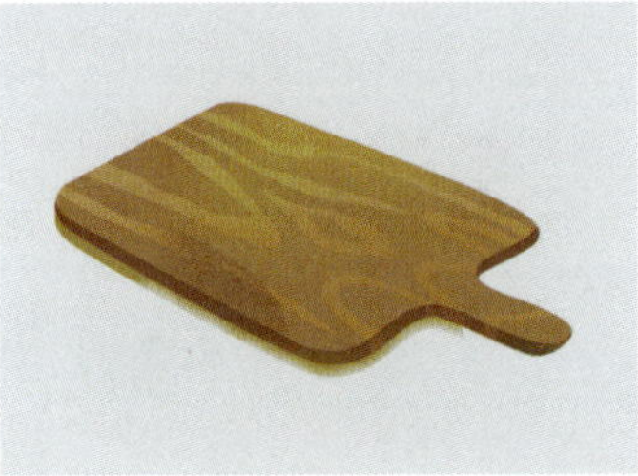

图6-49　砧板

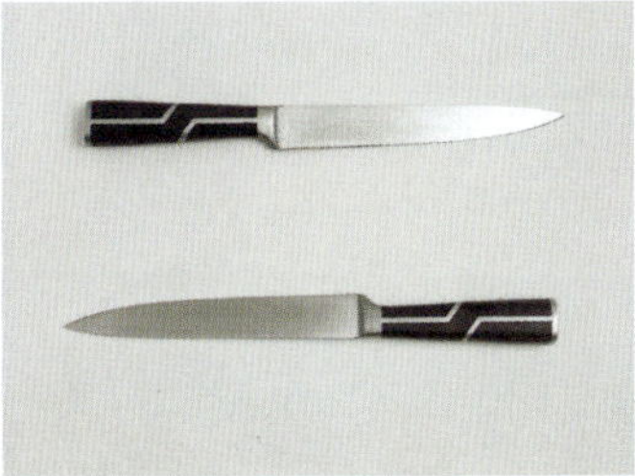

图6-50　果刀

图6-51　长叉

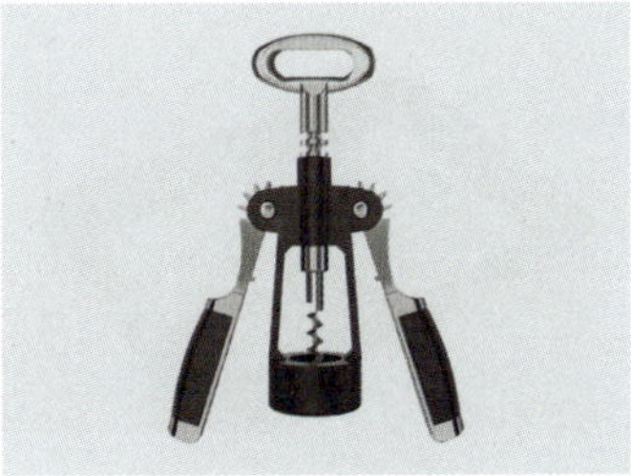

图6-52　开瓶器

图6-53　木槌

图6-54　口布

图6-55　抹布

26. 托盘（Tray）

托盘多由不锈钢、塑料、木头等材质制成，有供酒用和食物用两种（图6-58）。

27. 收费盘（Tip Tray）

收费盘主要供服务员收费用（图6-59）。

28. 红酒篮（Wines Cradle）

因红葡萄酒不用冰镇，因此服务前可将红酒置于红酒篮中（图6-60）。

29. 雪糕勺（Ice Cream Dipper）

雪糕勺一般是不锈钢制品，用来量取雪球（图6-61）。

30. 水瓶（Water Jug）

水瓶一般是用不锈钢或塑料制成，用来盛水（图6-62）。

31. 奶缸（Milk Jug）

奶缸多为不锈钢制品，用来盛放淡奶和牛奶（图6-63）。

32. 火枪（Fire Gun）

火枪适合用来点杯塔、火瓶、烧杯，使用方便（图6-64）。

图6-56 糖盅

图6-57 盐盅

图6-58 托盘

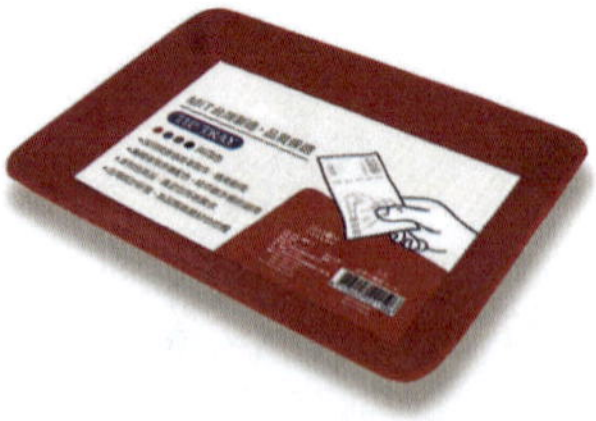
图6-59 收费盘

图6-60 红酒篮

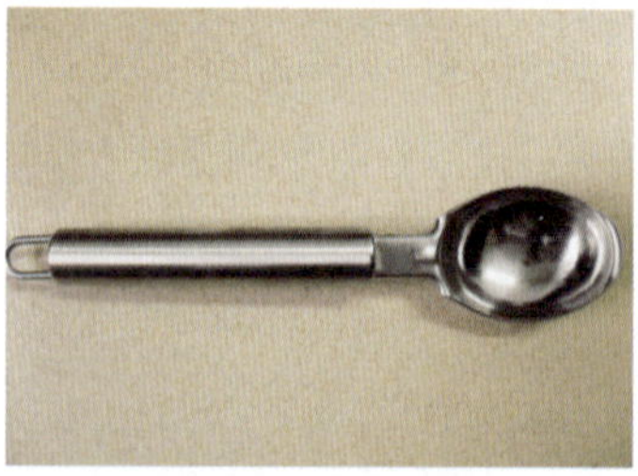
图6-61 雪糕勺

图6-62 水瓶

图6-63 奶缸

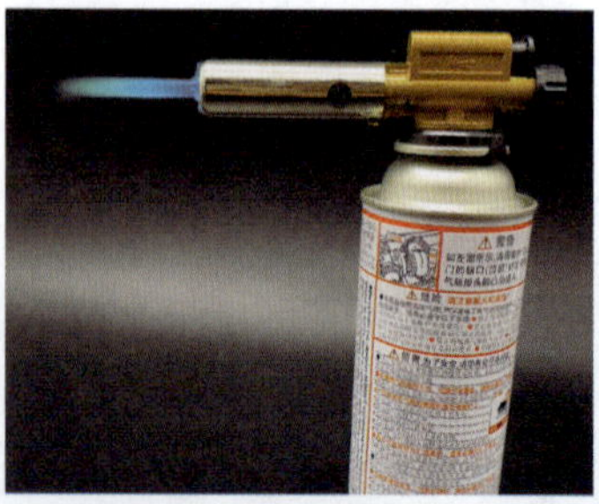
图6-64 火枪

五、设备的清洗、消毒和酒杯的擦拭

（一）器皿的清洗与消毒

器皿包括酒杯、碟子、咖啡杯、勺子、叉子、烟灰缸、滤冰器等。器皿的清洗步骤如下。

1. 冲洗

用自来水将用过的器皿上的污物冲掉，必须冲干净，不留任何点、块状的污物。

2. 浸泡

将冲洗过的器皿（带有油迹或其他冲洗不掉的污物）放入洗洁精溶液中浸泡，然后擦洗直到没有任何污迹为止。

3. 漂洗

将浸泡后的器皿用自来水漂洗干净，使之不带有洗洁精的味道。

4. 消毒

常用的消毒方法有煮沸消毒法、蒸汽消毒法和远红外线消毒法。凡有条件的地方都要采用蒸汽消毒法。

（1）煮沸消毒法　煮沸消毒法是公认的简单、可靠的消毒法。将器皿放入水中，将水煮沸并持续2～5分钟就可以达到消毒的目的。但要注意：器皿要全部浸没在水中；消毒时间从水沸腾后开始计算。水沸腾后到消毒结束期间不能降温。

（2）蒸汽消毒法　在消毒柜（车）上插入蒸汽管，管中的流动蒸汽是过饱和蒸汽，一般温度在90℃左右，消毒时间为10分钟。消毒时要尽量避免消毒柜漏气。器皿堆放要留有空间，以利于蒸汽穿透流通。

（3）远红外线消毒法　远红外线消毒法属于热消毒法，使用远红外线消毒柜，在120～150℃高温下持续15分钟，基本可达到消毒的目的。

除以上三种常用的物理消毒法外，还有化学消毒法。但一般情况下不提倡采用化学消毒法，只有在没有物理消毒的条件下，可考虑采用化学消毒法。常用的化学消毒药物有氯制剂和酸制剂。

（二）洗杯机的清洗与消毒

常用的洗杯机是将浸泡、漂洗、消毒三个步骤结合起来的。使用时，先将器皿用自来水冲洗干净，然后放入筛中推入洗杯机中即可。但要注意经常换洗杯机内缸体中的水。旋转式洗杯机由一个带刷子和喷嘴的电动机组成，把杯子倒扣在刷子上，开机后就有水冲洗，注意不要用力把杯子压在刷子上，只能轻轻压，否则杯子就会被压破。

（三）用具的清洗与消毒

用具指酒吧常用工具，如酒吧匙、量杯、摇壶、电动搅拌机、水果刀等。用具通常只接触酒水，不接触客人，所以只需直接用自来水冲洗干净并沥干即可。但要注意酒吧匙、量杯不用时一定要泡在干净的水中，水要经常换。摇壶、电动搅拌机每使用一次需要清洗一次。消毒方法也采用蒸汽消毒法或化学消毒法。

（四）杯具的擦拭

在酒吧中，擦拭杯具的工作至关重要。擦拭后的杯具应光洁如新，给客人留下深刻印象。

擦拭时，调酒师需准备一块白色涤棉口布，吸水能力强且不易掉毛。以下是擦拭的具体步骤。

（1）将洁杯布（宽约70厘米）打开，将拇指放于里面，拿住两端。

（2）左手持布，手心朝上，右手离开。

（3）右手拿过杯子，杯底放入左手心中，握住。

（4）右手中、食指从洁杯布的另一端（对角线部分夹起），插入杯中至底部。

（5）右手拇指插入杯中，其他手指握住杯子外部，然后左右交替转动，擦拭杯子，操作过程中，可以将酒杯举起，对着灯光照看一下，检查是否擦拭透明干净。

（6）擦拭完毕后，用右手握住杯子的下部，置于指定的地方备用。

知识巩固

1. 调制鸡尾酒时，常用的基酒不包括（　　）。
   A. 伏特加　B. 威士忌　C. 龙舌兰　D. 雪碧
2. 以下属于金酒的是（　　）。
   A. 人头马　B. 必富达　C. 轩尼诗　D. 芝华士
3. 调制鸡尾酒时，使用量酒器的目的是（　　）。
   A. 增加仪式感　B. 准确计量　C. 使操作更复杂　D. 没有实际作用
4. 器皿的消毒方法是什么？
5. 杯具的擦拭方法是什么？

任务2 摇和法调制鸡尾酒

一、摇和法的定义

摇和法也称作摇晃法或者摇荡法。操作方法是先加入冰块，然后把必要的材料按配方要求有顺序地投放到壶体内（但不能加入汽水类等含有气体的材料，否则会炸壶），然后把壶盖和滤冰器装上，双手或者单手持壶用力摇晃片刻。摇匀后打开摇壶用滤冰器或者摇壶自带的滤网进行滤冰出品。在鸡尾酒调制过程中，当某些成分（如糖、奶油、鸡蛋、果汁等）不能与基酒稳定混合时，则采用摇和法进行调制。

用这种方法调制的鸡尾酒多使用鸡尾杯或香槟杯作为载杯，如红粉佳人（Pink Lady）、玛格丽特（Margarita）、曼哈顿（Manhattan）等。

二、拉莫斯金菲士鸡尾酒的调制过程

（一）拉莫斯金菲士鸡尾酒的由来

拉莫斯金菲士鸡尾酒的起源可以追溯到1888年，由亨利·查尔斯·拉莫斯在新奥尔良的帝

国内阁酒吧发明。最初，这款鸡尾酒被命名为“新奥尔良菲士（New Orleans Fizz），后来改名为拉莫斯金菲士。1907年，拉莫斯接手雄鹿酒馆，此酒越发盛行，35位调酒师拼命摇晃仍供不应求。1919年“禁酒令”实施后，拉莫斯关闭酒馆，停止售卖这款鸡尾酒。1923年，《新奥尔良论坛报》的专职作家唐·希金斯询问了拉莫斯这款酒饮的配方，后续的发表使这款鸡尾酒迅速走红。1935年，罗斯福饭店向拉莫斯的儿子买下版权，进一步推动了其在全球的传播与传承。

（二）调制配方

配方：金酒1.5盎司、柠檬汁1/2盎司、糖浆1/2盎司、鸡蛋1个、苏打水适量、冰块。

装饰物：花芽。

工具：量酒器、摇壶（波士顿摇壶）、公杯、冰桶、冰铲、滤网。

载杯：柯林杯。

（三）调制步骤

一般来讲，在鸡尾酒的调制过程中，蛋清和蛋黄可以单独使用也可以同时使用。蛋清会使鸡尾酒变得顺滑，而加入柠檬汁可以在去除蛋清腥味的同时，起到打发的作用，使鸡尾酒口感更加美妙。

另外，所有使用蛋清调制的鸡尾酒都需要事先在公杯（一个空的载杯）中打入鸡蛋，检查鸡蛋的品质，再将其按所需投入摇壶当中。禁止直接将鸡蛋打到摇壶中和酒直接混合。

1. 准备工作

调制鸡尾酒前需准备酒水、准备用具并整理操作台，具体见表6-4。

表6-4 鸡尾酒调制准备工作

图片讲解	操作方法	注意事项
	（1）准备酒水 从展示柜上取下金酒，并备好柠檬汁（用柠檬现榨）、糖浆、鸡蛋、苏打水及装饰物	要有对客意识，从展示柜上取酒时，不可以背对客人
	（2）准备用具 量酒器、摇壶（波士顿摇壶）、公杯、冰桶、冰铲、滤网、柯林杯	注意操作台的卫生
	（3）整理操作台 要求操作台干净，无水迹、污渍，物品摆放整齐，方便使用	操作台要擦拭干净，所用物品要摆放有序，并检查所用物品、工具和载杯是否干净

2．调制工作

调制鸡尾酒分为加基酒、加糖浆、加柠檬汁、加蛋清、加冰、摇壶、斟酒7个步骤，具体操作见表6-5。

表6-5 鸡尾酒调制工作

图片讲解	操作方法	注意事项
	（1）加基酒 加入金酒1.5盎司	两端的开口都朝上放置
	（2）加糖浆 加入糖浆1/2盎司	食指压壶盖，其他四指持壶体，手掌与手心不能与壶体接触
	（3）加柠檬汁 加入榨好的柠檬汁	注意控制柠檬汁用量
	（4）加蛋清 将蛋清放入公杯中，再倒入摇壶内。也可把鸡蛋从中间打开，用左右互倒的方式直接加入蛋清	蛋壳必须清洗，避免附着物掉落而污染酒水
	（5）加冰 因为长时间摇动，需要加较多的冰，一般加至满即可	手不得接触冰夹与冰块接触的位置

续表

图片讲解	操作方法	注意事项
	（6）摇壶 此步骤在整个调酒过程中是重要的一环。一般需要摇动10～12分钟，时间长，特别费力。学生初次训练，可以3～4人一组，轮流摇动 摇动的过程中，产生的泡沫较为丰富 摇壶的过程中，注意双手不可以过多地与壶体接触，避免手的热量过多地传给摇壶	壶要盖紧，可用拍、锤的方法盖紧，注意持壶手法
	（7）斟酒 打开摇壶，将酒用滤网过滤一下倒入柯林杯中	滤网不要接触杯口，以免弄脏杯口

3. 装饰与出品

鸡尾酒调制完成后，需立即装饰并出品给客人，具体操作见表6-6。

表6-6 鸡尾酒装饰与出品

图片讲解	操作方法	注意事项
	（1）装饰 用柠檬片和花芽装饰，并插上吸管	装饰所用的花芽，是酒吧特意培养的，不可以随便采来一朵花芽使用
	（2）出品 将酒水提供给客人	切勿手持杯口为客人服务

三、红粉佳人鸡尾酒的调制过程

（一）红粉佳人鸡尾酒的由来

红粉佳人鸡尾酒（Pink Lady）诞生于1912年，在伦敦上演的同名舞台剧《粉红色的女士》中，女主角海泽尔·多恩手中捧着的正是这款粉红色的鸡尾酒。到了1944年，百老汇短剧《生日快乐》中，女演员海伦·黑斯也喝了这款鸡尾酒，自此红粉佳人风靡一时，成为每个酒吧调酒师重点推销的产品。

红粉佳人鸡尾酒制作视频

（二）调制配方

配方：金酒1盎司、红石榴糖浆1/4盎司、柠檬汁1/2盎司、鸡蛋清适量。

装饰物：带梗红樱桃。

工具：量酒器、摇壶（波士顿摇壶）、马天尼杯、口布、公杯、砧板、柠檬压榨器、冰桶、冰铲。

载杯：鸡尾酒杯。

（三）调制步骤分析

1. 准备工作

调制红粉佳人鸡尾酒前需准备酒水、准备用具、整理操作台，具体操作见表6-7。

表6-7 红粉佳人鸡尾酒调制准备工作

图片讲解	操作方法	注意事项
	（1）准备酒水 从展示柜上取下金酒，并准备好柠檬汁（用柠檬现榨）、红石榴糖浆、鸡蛋清以及装饰物	要有对客意识，从展示柜取酒时，不可以背对客人
	（2）准备用具 量酒器、摇壶（波士顿摇壶）、马天尼杯、口布、公杯、砧板、柠檬压榨器、冰桶、冰铲	注意操作台的卫生
	（3）整理操作台 要求操作台干净，无水渍、污渍，物品摆放整齐，方便使用	操作台要擦拭干净，所用物品要摆放有序，并检查所用物品、工具和载杯是否干净

2. 调制工作

调制红粉佳人鸡尾酒分为加冰、加红石榴糖浆、加柠檬汁、加蛋清、加基酒、摇壶、斟酒7个步骤，具体见表6-8。

表6-8　红粉佳人鸡尾酒调制工作

图片讲解	操作方法	注意事项
	（1）加冰 在摇壶内加入适量的冰块	手不得接触冰夹与冰块接触的位置
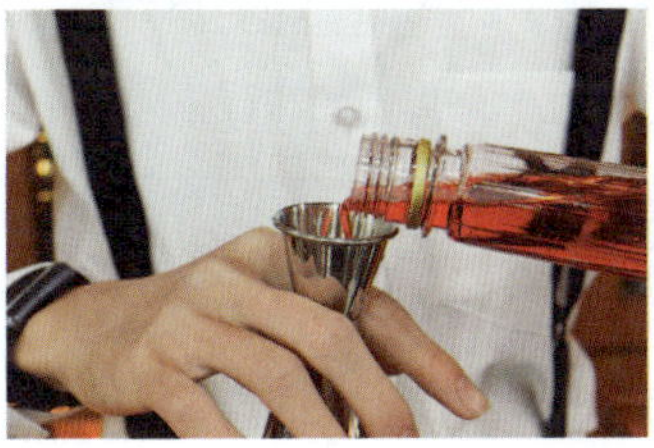	（2）加红石榴糖浆 加入红石榴糖浆1/4盎司	食指压壶盖，其他四指持壶体，手掌与手心不能与壶体接触
	（3）加柠檬汁 加入1/2盎司柠檬汁	注意控制柠檬汁用量
	（4）加蛋清 将蛋清放入公杯中，再倒入摇壶内。也可把鸡蛋从中间打开，用左右互倒的方式直接加入蛋清	蛋壳须清洗，避免附着物掉落污染酒水

续表

图片讲解	操作方法	注意事项
	（5）加基酒 加入金酒1盎司	两端的开口都朝上放置
	（6）摇壶 双手摇和，用力均匀	壶盖要紧，可用拍、锤的方法盖紧，注意持壶手法
	（7）斟酒 打开调酒壶，将酒用滤网滤出倒入鸡尾酒杯中	滤网要用手指压紧，往前推

3. 装饰与出品

红粉佳人鸡尾酒调制完成后，需立即装饰并出品给客人，具体操作见表6-9。

表6-9 红粉佳人鸡尾酒装饰与出品

图片讲解	操作方法	注意事项
	（1）装饰 用带梗红樱桃挂杯装饰	装饰时要注意卫生
	（2）出品 把酒水提供给客人	切勿手持杯口为客人服务

知识链接 ▶ 酒吧中液体度量名称

单位名称	简写	换算
1毫升	mL	—
1升	L	1000mL
1盎司	oz	28~30mL
1吧匙	bsp	1/8oz
1加仑	gallon	128oz
1夸坨	qt	32oz
1品坨	pint	16oz
1滴	drop	0.1~0.2mL
1甩	splash	≈0.6oz
1小杯	—	1oz
1及耳	—	5oz
1耳杯	—	8oz
1斯普利	—	6oz

四、英式摇壶训练

（一）英式单手摇壶

英式单手摇壶训练分为摆放、加料、加滤冰器和壶盖、持壶、摇壶、确认6个步骤，具体见表6-10。

表6-10　英式单手摇壶训练步骤

图片讲解	操作方法	注意事项
	（1）摆放 打开壶盖、滤网，连同壶体摆放在操作台上	必须要先加滤冰器、后加壶盖
	（2）加料 加入8~10块冰块和各种其他的调酒原料	在加料过程中，壶中的冰块会慢慢融化，所以加酒速度要快

续表

图片讲解	操作方法	注意事项
	（3）加滤冰器和壶盖 加滤冰器和壶盖时，要使滤冰器和壶盖保持水平状态，不能偏斜	加滤冰器和壶盖时要水平按压并旋转，才能使之紧密闭合，否则容易出现酒水向外渗漏的情况
	（4）持壶 按左图所示，用力持紧	要辨明左右持壶的方法
	（5）摇壶 要求身直、头正、肩平。摇壶时，靠手腕的旋转转动摇酒壶，前臂同时上下运动	摇动时要求肩、身、头不能晃动
	（6）确认 摇至壶体结霜即可，但不可结霜过多；否则表明时间过长，冰块消融过多，酒水风味也会消散变淡	结一层薄雾般的霜最好，但不能出现较为明显的水珠

（二）英式双手摇壶

英式双手摇壶训练分为加滤冰器和壶盖、持壶、摇壶、确认4个步骤，具体见表6-11。

表6-11　英式双手摇壶训练步骤

图片讲解	操作方法	注意事项
	（1）加滤冰器和壶盖 加滤冰器和壶盖时，要使滤冰器和壶盖保持水平状态，不能偏斜	必须要先加滤冰器，后加壶盖
	（2）持壶 按左图所示方法用力持紧	要辨明左右手持壶的方法
	（3）摇壶 要求身直、头正、肩平。前臂平直与肩平齐，摇壶时，靠手腕的转动摇壶	摇壶时要求肩、身、头不能晃动
	（4）确认 摇至壶体结霜即可，但不能结霜过多；否则表明时间过长，冰块消融过多，酒水风味也会消散变淡	结一层薄雾般的霜最好，但不能出现较为明显的水珠

五、波士顿摇壶

（一）波士顿单手摇壶

波士顿单手摇壶训练分为准备工具、加冰、摇壶3个步骤，具体见表6-12。

表6-12 波士顿单手摇壶训练步骤

图片讲解	操作方法	注意事项
	（1）准备工具 波士顿摇壶、滤网、冰、量酒器	注意操作台保持清洁卫生
	（2）加冰 将冰放入波士顿摇壶的壶身之中，再将壶盖盖紧	盖摇壶的时候要捶两下，以保证壶盖和壶身连接稳定
	（3）摇壶 需用惯用手紧握壶身中上部，拇指抵住滤冰器或壶盖确保密封。以手腕为轴心快速甩动，壶身倾斜45°，避免手臂大幅摆动	控制摇晃时间（常规10~15秒，若加入蛋清需延长），摇前检查手部是否干燥，以防摇壶脱手；摇后注意壶身结霜以防冻伤；倒酒时抵住滤冰器以防杂质滤出

（二）波士顿双手摇壶

波士顿双手摇壶训练分为准备工具、加冰、摇壶3个步骤，具体见表6-13。

表6-13 波士顿双手摇壶训练步骤

图片讲解	操作方法	注意事项
	（1）准备工具 波士顿摇壶、滤网、冰、量酒器	在加料的过程中，壶中的冰块会慢慢融化，所以加酒的速度要快

续表

图片讲解	操作方法	注意事项
	（2）加冰 将冰放入波士顿摇壶的壶身之中，再将壶盖盖紧	盖摇壶的时候要捶两下，以保证壶盖与壶身连接稳定
	（3）摇壶 双手分别握住波士顿摇壶的两端，将摇壶位于虎口中间。将摇壶放在胸口前，微微侧身，然后开始摇	控制摇晃时间（常规10～15秒，若加入蛋清需延长），摇前检查手部是否干燥，以防摇壶脱手；摇后注意壶身结霜以防冻伤；倒酒时抵住滤冰器以防杂质滤出

六、任务评价

（一）品饮评价

评价项目	评价内容	评价标准	个人评价	小组评价	教师评价
色	颜色	依与标准成品的颜色接近程度分为： A. 优 B. 良 C. 一般			
	浊度（澄清度）	依与标准成品的浊度（澄清度）接近程度分为： A. 优 B. 良 C. 一般			
	混合程度	依与标准成品的混合程度接近程度分为： A. 优 B. 良 C. 一般			
香	香气种类	依香气种类程度分为： A. 优 B. 良 C. 一般			
	香气和谐情况	依香气和谐程度分为： A. 优 B. 良 C. 一般			
	异杂气味	依异杂气味有无、强弱程度分为： A. 优 B. 良 C. 一般			
味	酸	依口感舒适度分为： A. 优 B. 良 C. 一般			
	甜	依口感舒适度分为： A. 优 B. 良 C. 一般			
	苦	依口感舒适度分为： A. 优 B. 良 C. 一般			

续表

评价项目	评价内容	评价标准	个人评价	小组评价	教师评价
味	辣	依口感舒适度分为： A. 优 B. 良 C. 一般			
	香	依口感舒适度分为： A. 优 B. 良 C. 一般			
	涩	依口感舒适度分为： A. 优 B. 良 C. 一般			
	咸	依口感舒适度分为： A. 优 B. 良 C. 一般			
	麻	依口感舒适度分为： A. 优 B. 良 C. 一般			
	其他味	依口感舒适度分为： A. 优 B. 良 C. 一般			
器	形器对酒的表达	依载杯是否能够彰显酒的品质程度分为： A. 优 B. 良 C. 一般			
形	酒体形状	依酒体形状是否饱满、层次是否分明分为： A. 优 B. 良 C. 一般			
	装饰制作	依装饰品制作是否精美分为： A. 优 B. 良 C. 一般			
	酒体、载杯、装饰的搭配	依酒体、载杯、装饰的搭配是否合理、美观分为： A. 优 B. 良 C. 一般			
名	酒名	依酒名是否能够彰显酒的品质分为： A. 优 B. 良 C. 一般			
整体评价			改进措施		

（二）能力评价

课程目标	考核内容和具体要求	小组评价（达标/不达标）	教师评价（达标/不达标）
知识目标	掌握摇和法的定义		
	比较两种摇和方法的不同		
	掌握常用度量单位的换算		
技能目标	调制拉莫斯金菲士的技能		
	调制红粉佳人鸡尾酒的技能		
	正确使用英式摇壶技能		
	正确使用波士顿摇壶技能		
能力目标	组织能力		
	沟通能力		
	解决问题的能力		
	自我管理能力		
	创新能力		

续表

课程目标	考核内容和具体要求	小组评价（达标/不达标）	教师评价（达标/不达标）
职业素养	敬业精神		
	服务意识		
整体评分			
建议			

知识巩固

1. 红粉佳人鸡尾酒的基酒是（　　）。
   A. 伏特加　　B. 金酒　　C. 白兰地　　D. 威士忌
2. 拉莫斯金菲士鸡尾酒是用（　　）调制而成。
   A. 兑和法　　B. 搅和法　　C. 摇和法　　D. 调和法
3. 摇和法调制鸡尾酒适用于包含（　　）的鸡尾酒。
   A. 鸡蛋　　B. 蜂蜜　　C. 糖浆　　D. 奶油
4. 鸡尾酒配方中含有鸡蛋时，正确的操作方法是什么？
5. 用摇壶摇和鸡尾酒时，要摇多久？

任务3
调和法调制鸡尾酒

一、调和法的定义

调和法（Blending）是鸡尾酒调制的基础技法之一，指将烈酒、利口酒、果汁、糖浆等原料放入调酒杯或摇酒壶中，加入冰块后，用吧匙顺时针或逆时针充分搅拌，使原料均匀混合、降温并适度稀释，最后过滤至酒杯的操作方法。该方法的核心是通过搅拌实现风味融合与质地平衡，尤其适用于不含气泡、需呈现清澈酒体的鸡尾酒（如“曼哈顿”“古典鸡尾酒”）。与摇和法相比，调和法对酒体的冲击力较小，能更好保留基酒的醇厚口感，同时通过冰块融化控制稀释度，让酒液口感更顺滑、层次更柔和。操作时需注意搅拌速度与时间，避免过度稀释或混合不均匀。

二、长岛冰茶鸡尾酒的调制过程

（一）长岛冰茶鸡尾酒的由来

长岛冰茶鸡尾酒制作视频

1920年，美国颁布了“禁酒令”，长岛一家酒吧的酒保们偷偷卖酒给客人。一天，警察突然来查禁私酒，酒保们匆忙将各种烈酒混在一起，谎称卖的是冰茶，竟然骗过了警察。无意中，他们创造了一种新的鸡尾酒，并将其命名为“长岛冰茶”。

（二）调制配方

配方：伏特加1/2盎司、朗姆酒1/2盎司、金酒1/2盎司、龙舌兰酒1/2盎司、君度1/3盎司、柠檬汁1/2盎司、冰块适量、可乐适量、柠檬片1片。

装饰物：柠檬。

工具：量酒器、冰桶、冰夹、吧匙、吸管。

载杯：柯林杯。

（三）调制步骤

1. 准备工作

调制长岛冰茶鸡尾酒前需准备酒水、准备用具并整理操作台，具体见表6-14。

表6-14 长岛冰茶鸡尾酒调制准备工作

图片讲解	操作方法	注意事项
	（1）准备酒水 伏特加、朗姆酒、金酒、龙舌兰酒、君度、柠檬汁、可乐	取酒时要用身体侧面朝向客人，忌用背面朝向客人
	（2）准备用具 量酒器、冰桶、冰夹、柯林杯、吧匙、吸管	冰夹要挂在冰桶上
	（3）整理操作台 将工具和材料摆放整齐	要求操作台干净，无水渍、污渍，物品摆放整齐，方便使用

2. 调制工作

调制长岛冰茶鸡尾酒分为加冰、加原料、加可乐3个步骤，具体见表6-15。

表6-15 长岛冰茶鸡尾酒调制工作

图片讲解	操作方法	注意事项
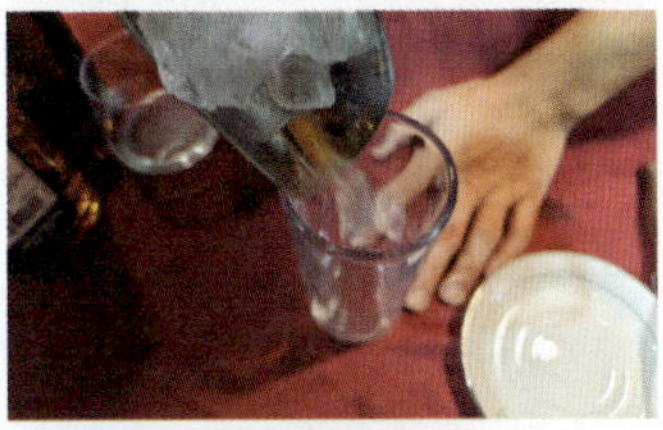	（1）加冰 在柯林杯中加入冰块	冰块添加至杯子容量的八分满即可
     	（2）加原料 按配方要求加柠檬汁1/2盎司，加入金酒、伏特加、朗姆酒、君度、龙舌兰酒各1/2盎司	按顺序加入

续表

图片讲解	操作方法	注意事项
	（3）加可乐 加可乐，补满即可	可乐倒至距离杯口1厘米处

3. 装饰

装饰长岛冰茶鸡尾酒分为加装饰物和加吸管，具体见表6-16。

表6-16 长岛冰茶鸡尾酒装饰

图片讲解	操作方法	注意事项
	（1）加装饰物 将柠檬片切出缺口，卡在柯林杯杯口 （2）加吸管 将吸管插在酒杯当中	放入装饰物时，要用冰夹夹放。避免用手直接触碰

三、薄荷宾治鸡尾酒的调制过程

（一）宾治鸡尾酒的由来

宾治是鸡尾酒的一种，用少量葡萄酒、烈性酒作为基酒，再加入各种果汁、水果等制成，酸甜果香与酒香交融，还带着香料的辛香，层次丰富。它的名字源于印度人的语言“Punch”。而在印度，它又是作为果汁饮料的一种，最后经英国人传至欧美各国。

宾治的配方随意性很大，没有固定的材料，把它做成水果饮料、鸡尾酒都行。根据个人喜好，任意添加喜欢的汽水、水果，就可以制作出一杯好喝的宾治鸡尾酒。微微的汽水味，夹杂着香甜的水果，齿颊留香，回味无穷，男女老少都适宜品尝。

（二）调制配方

配方：绿薄荷酒1盎司、白朗姆酒1/2盎司、菠萝汁3盎司、橙汁2盎司、青柠汁2盎司、苏打水少许。

装饰物：菠萝、红樱桃。
工具：量酒器、吧匙、冰桶、冰铲、吸管。
载杯：柯林杯。

（三）调制步骤

1. 准备工作

调制薄荷宾治鸡尾酒前需准备酒水和用具，具体见表6-17。

表6-17　薄荷宾治鸡尾酒调制准备工作

图片讲解	操作方法	注意事项
	（1）准备酒水 绿薄荷酒，白朗姆酒、菠萝汁、橙汁、青柠汁、苏打水以及装饰物菠萝和红樱桃	要有对客意识，从展示柜上取酒时，不可以背对客人
	（2）准备用具 量酒器、柯林杯、吧匙、冰桶、冰铲、吸管	注意操作台卫生

2. 调制过程

调制薄荷宾治鸡尾酒分为加冰、加基酒、加辅料、搅匀4个步骤，具体见表6-18。

表6-18　薄荷宾治鸡尾酒调制工作

图片讲解	操作方法	注意事项
	（1）加冰 在柯林杯中加入冰块	冰块添加至杯子容量的八分满即可

续表

图片讲解	操作方法	注意事项
	（2）加基酒 杯中加入绿薄荷酒1盎司、白朗姆酒1/2盎司	注意控制用量
	（3）加辅料 加入菠萝汁3盎司、橙汁2盎司、青柠汁2盎司（用鲜柠檬现榨）、苏打水至八分满	按顺序加入
	（4）搅匀 最后用吧匙搅拌均匀即可	吧匙贴杯壁，手扶杯底，顺时针搅拌

3. 装饰

装饰薄荷宾治鸡尾酒的具体操作见表6-19。

表6-19　薄荷宾治鸡尾酒装饰

图片讲解	操作方法	注意事项
	用菠萝块挂杯，吸管将红樱桃穿过后放入杯中	放入装饰物时，要用冰夹夹放。避免用手直接触碰

四、鸡尾酒的下料原则

（一）遵循配方

鸡尾酒的制作需要按照特定的配方进行，这些配方规定了使用的基酒、辅料以及它们的比例。

（二）顺序正确

在调制鸡尾酒时，需要按照正确的顺序添加材料。一般来说，先加入冰块，然后是基酒，再放辅料和其他成分。

（三）使用量具

为了保证鸡尾酒的质量和一致性，调酒师应该使用量酒器来精确控制每种材料的用量。

（四）材料新鲜

在调制鸡尾酒时，应该使用新鲜的果汁、水果和冰块等材料，以确保鸡尾酒的最佳口感和风味。

（五）考虑风味和颜色

在创作或调制鸡尾酒时，需要考虑鸡尾酒的整体风味和颜色，包括平衡酸、甜、苦、辣、咸等基本味道，并选择合适的材料来实现颜色效果。

五、滤冰器的使用方法

使用滤冰器的操作分为放置、按压、滤冰3个步骤，具体见表6-20。

表6-20　滤冰器使用操作

图片讲解	操作方法	注意事项
	（1）放置 将滤冰器放在调酒杯上，放正且保持平衡	有弹簧的一面在下，光面在上

续表

图片讲解	操作方法	注意事项
	（2）按压 按压滤冰器的手法有两种 ①滤冰器的手柄在右手食指和中指之间，食指按压滤冰器，其余四指持调酒杯 ②滤冰器的手柄在右手食指和中指之间，食指和中指按压滤冰器，其余三指持摇杯	柄部朝向右侧
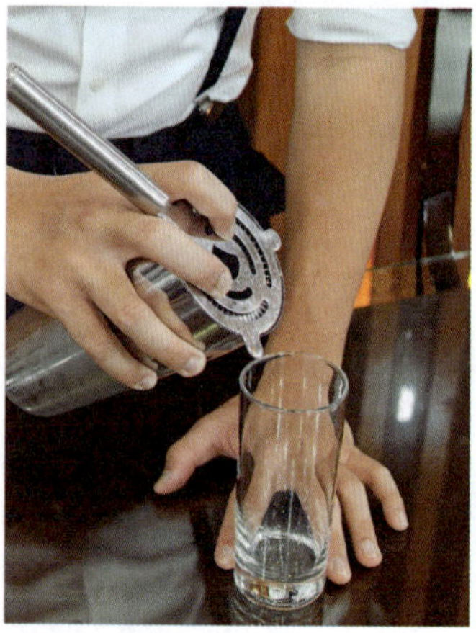	（3）滤冰 将酒水直接滤入载杯中	摇壶不能与载杯相碰，要有1～2厘米的高度

六、任务评价

（一）品饮评价

评价项目	评价内容	评价标准	个人评价	小组评价	教师评价
色	颜色	依与标准成品的颜色接近程度分为： A. 优 B. 良 C. 一般			
	浊度（澄清度）	依与标准成品的浊度（澄清度）接近程度分为： A. 优 B. 良 C. 一般			
	混合程度	依与标准成品的混合程度接近程度分为： A. 优 B. 良 C. 一般			
香	香气种类	依香气种类程度分为： A. 优 B. 良 C. 一般			

续表

评价项目	评价内容	评价标准	个人评价	小组评价	教师评价
香	香气和谐情况	依香气和谐程度分为： A. 优　B. 良　C. 一般			
	异杂气味	依异杂气味有无、强弱程度分为： A. 优　B. 良　C. 一般			
味	酸	依口感舒适度分为： A. 优　B. 良　C. 一般			
	甜	依口感舒适度分为： A. 优　B. 良　C. 一般			
	苦	依口感舒适度分为： A. 优　B. 良　C. 一般			
	辣	依口感舒适度分为： A. 优　B. 良　C. 一般			
	香	依口感舒适度分为： A. 优　B. 良　C. 一般			
	涩	依口感舒适度分为： A. 优　B. 良　C. 一般			
	咸	依口感舒适度分为： A. 优　B. 良　C. 一般			
	麻	依口感舒适度分为： A. 优　B. 良　C. 一般			
	其他味	依口感舒适度分为： A. 优　B. 良　C. 一般			
器	形器对酒的表达	依载杯是否能够彰显酒的品质程度分为： A. 优　B. 良　C. 一般			
形	酒体形状	依酒体形状是否饱满、层次是否分明分为： A. 优　B. 良　C. 一般			
	装饰制作	依装饰品制作是否精美分为： A. 优　B. 良　C. 一般			
	酒体、载杯、装饰的搭配	依酒体、载杯、装饰的搭配是否合理、美观分为： A. 优　B. 良　C. 一般			
名	酒名	依酒名是否能够彰显酒的品质分为： A. 优　B. 良　C. 一般			
整体评价			改进措施		

（二）能力评价

课程目标	考核内容和具体要求	小组评价（达标/不达标）	老师评价（达标/不达标）
知识目标	掌握滤冰器的选择		
	掌握调和法的定义		
技能目标	调制长岛冰茶鸡尾酒的技能		
	调制薄荷宾治鸡尾酒的技能		
	使用滤冰器的技能		
	鸡尾酒的下料原则		
能力目标	组织能力		
	沟通能力		
	解决问题能力		
	自我管理能力		
	创新能力		
职业素养	敬业精神		
	服务意识		
整体评分			
建议			

知识巩固

1. 调制鸡尾酒时，用于搅拌的工具通常是（　　）。
   A. 吧匙　　B. 打蛋器　　C. 勺子　　D. 筷子
2. 以下鸡尾酒属于长饮类的是（　　）。
   A. 马天尼　　B. 长岛冰茶　　C. 血腥玛丽　　D. 曼哈顿
3. 薄荷宾治鸡尾酒的装饰物是（　　）。
   A. 柠檬片　　B. 橙片　　C. 菠萝　　D. 薄荷叶
4. 滤冰器滤冰时要注意什么？
5. 鸡尾酒的下料原则是什么？

任务4 兑和法调制鸡尾酒

一、兑和法的定义

兑和法（Building）是鸡尾酒调制中最直接的技法，指按配方将烈酒、利口酒、果汁等原料依次直接倒入酒杯，无需搅拌或摇晃，仅通过自然沉降或轻缓引流实现初步混合的操作方法。

二、B-52 轰炸机鸡尾酒的调制过程

（一）B-52轰炸机鸡尾酒的由来

B-52轰炸机作为短饮鸡尾酒（即一口气喝完的鸡尾酒）的代表作品，是以战争为背景的。其名字来源于美国的B-52轰炸机，这种机型一般是在投放燃烧弹的时候使用。燃烧弹的作用是放火，大概是因为这一点才在鸡尾酒里也使用了点火燃烧的方式，但这款鸡尾酒以柔和的味道见长。

B-52轰炸机鸡尾酒制作视频

（二）调制配方

配方：咖啡利口酒1/3盎司、百利甜酒1/3盎司、伏特加1/3盎司。

工具：量酒器、吧匙、火枪、杯垫、不锈钢吸管。

载杯：子弹杯。

（三）调制步骤

1. 准备工作

调制B-52轰炸机鸡尾酒前需准备酒水、准备用具并整理操作台，具体见表6-21。

表6-21　B-52轰炸机鸡尾酒调制准备工作

图片讲解	操作方法	注意事项
	（1）准备酒水 咖啡利口酒、百利甜酒、伏特加	按酒水加入的先后顺序对三种酒水顺序摆放
	（2）准备用具 量酒器、吧匙、火枪、杯垫、不锈钢吸管	对调酒师而言，开瓶器、火枪总是随身携带。学生在训练中也要养成这一习惯
	（3）整理操作台 将工具和材料摆放整齐	按物品的高度和使用的频率摆放，常用的摆在前面

2．调制工作

调制B-52轰炸机鸡尾酒分为加咖啡利口酒、加百利甜酒、加伏特加、检查出品、放杯垫、上酒、燃焰、品饮8个步骤，具体见表6-22。

表6-22 B-52轰炸机鸡尾酒调制工作

图片讲解	操作方法	注意事项
	（1）加咖啡利口酒 加入1/2盎司咖啡利口酒	目测法将咖啡利口酒加至子弹杯容量的1/3
	（2）加百利甜酒 加入1/2盎司百利甜酒，用吧匙引流加入，动作要轻缓，形成分层	用吧匙引流加入酒水时，吧匙要抵靠在杯壁上，且轻轻接触第一层酒水的液面，让酒水先落在吧匙上再沿杯内壁缓缓加入 如果吧匙太高，没有抵在载杯的内壁上，酒水会直接冲到杯底，本次量取的酒与上一层酒之间相互溶合，无法形成分层状态
	（3）加伏特加 加入1/2盎司伏特加	同上
	（4）检查出品 从色、量以及三种酒水是否有良好的分层现象等方面进行检查	三种酒水要分层明显，若没有良好的分层则要放弃重做
	（5）放杯垫 在客人面前的吧台上放一张杯垫	如果杯垫有花形或图案，要注意将其正面朝向客人

续表

图片讲解	操作方法	注意事项
	（6）上酒 把调好的酒放在客人面前的杯垫上	手持酒杯下部，不能在酒杯上留下指纹
	（7）燃焰 用打火机点燃上层的伏特加，燃烧时间较长时，火焰变大	刚点燃时，火焰较小，表面颜色浅淡，要注意观察；燃焰后杯子的温度会慢慢升高，要注意防止酒水洒出，造成事故
	（8）品饮 拿一支吸管，通过火焰，插入杯底，一饮而尽	要使用不锈钢吸管，以防火焰将吸管烧坏

三、彩虹鸡尾酒的调制过程

（一）彩虹鸡尾酒的由来

彩虹鸡尾酒的由来可以追溯到18世纪下半叶，伴随着鸡尾酒的诞生而出现。最初，彩虹鸡尾酒是通过将果酱与各种不同颜色的酒类叠层在一起，利用它们之间的沉浮作用，形成绚丽的色彩和独特的口感。

（二）调制配方

配方：红石榴糖浆1/4盎司、绿薄荷酒1/4盎司、蓝橙利口酒1/4盎司、樱桃白兰地酒1/4盎司、君度1/4盎司。

工具：量酒器、吧匙。

载杯：子弹杯。

（三）调制步骤

1. 准备工作

调制彩虹鸡尾酒前需准备工具和载杯，并要对基酒按序排放整齐，方便使用。具体见表6-23。

表6-23 彩虹鸡尾酒调制准备工作

图片讲解	操作方法	注意事项
	（1）准备工具和载杯 准备量酒器和吧匙。载杯采用子弹杯	工作前检查器具用品是否完好并做好清洁工作
	（2）对基酒排序 从左到右分别是红石榴糖浆、绿薄荷酒、蓝橙利口酒、樱桃白兰地酒、君度。从左到右酒水的密度渐小	按从重到轻、从左到右的顺序摆放在操作台上，方便调酒时使用

2．调制工作

调制彩虹鸡尾酒分为加红石榴糖浆、加绿薄荷酒、加蓝橙利口酒、加樱桃白兰地酒、加君度、出品、品饮7个步骤，具体见表6-24。

表6-24 彩虹鸡尾酒调制工作

图片讲解	操作方法	注意事项
	（1）加红石榴糖浆 加1/4盎司红石榴糖浆	直接倒入，不需使用吧匙引流
	（2）加绿薄荷酒 加入1/4盎司绿薄荷酒	用吧匙引流加入时，吧匙要抵靠在载杯壁上，且轻轻接触第一层酒水的液面。让酒水先落在吧匙上再沿载杯内壁缓缓加入。 如果吧匙太高，没有抵在载杯的内壁上，酒水会直接冲到杯底、此次量取的酒与上一层酒之间相互融合，无法形成分层状态

续表

图片讲解	操作方法	注意事项
	（3）加蓝橙利口酒 加1/4盎司蓝橙利口酒	同上
	（4）加樱桃白兰地酒 加1/4盎司樱桃白兰地酒	同上
	（5）加君度 加1/4盎司君度	同上
	（6）出品 如图所示为彩虹鸡尾酒	出品检查： 各层次之间不能互相混合； 每层之间分隔线清楚； 每层厚度基本相等； 斟完最上面的白兰地酒后要形成满满一杯
	（7）品饮 彩虹鸡尾酒的饮用方法：①最上层点火，用一支吸管一吸而尽，入口先是顺滑的利口酒味，而后酒度变烈，其过程口感多变。②不点火，用吸管从上往下一层一层品饮，或者从下往上一层一层品饮，口味会随着顺序变化，香甜美妙	

四、吧匙引流的操作步骤

吧匙引流的具体操作步骤见表6-25。

表6-25 吧匙引流的操作步骤

图片讲解	操作方法	注意事项
	（1）准备 右手持量酒器，左手持长柄匙，有匙一端放入载杯中，并抵住杯壁	匙背朝上朝下均可，但要紧贴杯壁
	（2）斟倒 轻缓注入酒水，酒水先落在长柄匙背上，然后经由载杯内壁缓缓注入载杯中	注意斟倒速度的快慢与酒液流入杯时“冲劲”大小有关
	（3）调速 根据杯中酒水的多少，调整长柄的高度 注意观察酒水与下层酒水之间是有混合现象，如有混合，则减缓斟速度	同上

知识链接 ▶ 点酒服务

1. 递上酒水单稍候片刻后，酒吧服务员（或调酒师）应询问客人酒水偏好。
2. 向客人介绍酒水品种，并回答客人有关提问。
3. 填写点酒单，点酒完毕应复述一遍以和客人确认。
4. 记住每位客人各自所点的酒水，以免送酒时混淆。
5. 点酒单一式三联，一联留底，其余两联及时分送吧台和收款台。
6. 坐在吧台前吧椅上的客人可由调酒师负责点酒（也应填写点酒单）。

五、柠檬皮装饰物的制作过程

柠檬皮装饰物的制作过程如表6-26所示。

表6-26 柠檬皮装饰物制作过程

图片讲解	操作方法	注意事项
	（1）制作柠檬条 一种方法是把一片柠檬皮剥成螺旋状的柠檬条；另一种方法是直接用专用刀具在柠檬上削出螺旋状的柠檬条	柠檬皮的剥取不同于橘子剥皮那么容易，要小心剥皮，否则易伤到果肉 削皮时要注意间隔，若间隔太大，螺旋形状不美观。柠檬条的宽度一般为0.5~0.6厘米
	（2）装饰 装饰效果如图所示	放置柠檬条时要用冰夹，不可以用手直接接触食物
	（3）出品 对产品从量、色、载杯、装饰等方面检查，要求色泽红润、酒质清澈、酒量适中，柠檬条呈螺旋状舒展于酒中。注意检查载杯的外表有无酒渍	如有问题要重新制作

六、任务评价

（一）品饮评价

评价项目	评价内容	评价标准	个人评价	小组评价	教师评价
色	颜色	依与标准成品的颜色接近程度分为： A. 优 B. 良 C. 一般			

续表

评价项目	评价内容	评价标准	个人评价	小组评价	教师评价
色	浊度（澄清度）	依与标准成品的浊度（澄清度）接近程度分为： A. 优 B. 良 C. 一般			
	混合程度	依与标准成品的混合程度接近程度分为： A. 优 B. 良 C. 一般			
香	香气种类	依香气种类程度分为： A. 优 B. 良 C. 一般			
	香气和谐情况	依香气和谐程度分为： A. 优 B. 良 C. 一般			
	异杂气味	依异杂气味有无、强弱程度分为： A. 优 B. 良 C. 一般			
味	酸	依口感舒适度分为： A. 优 B. 良 C. 一般			
	甜	依口感舒适度分为： A. 优 B. 良 C. 一般			
	苦	依口感舒适度分为： A. 优 B. 良 C. 一般			
	辣	依口感舒适度分为： A. 优 B. 良 C. 一般			
	香	依口感舒适度分为： A. 优 B. 良 C. 一般			
	涩	依口感舒适度分为： A. 优 B. 良 C. 一般			
	咸	依口感舒适度分为： A. 优 B. 良 C. 一般			
	麻	依口感舒适度分为： A. 优 B. 良 C. 一般			
	其他味	依口感舒适度分为： A. 优 B. 良 C. 一般			
器	形器对酒的表达	依载杯是否能够彰显酒的品质程度分为： A. 优 B. 良 C. 一般			
形	酒体形状	依酒体形状是否饱满、层次是否分明分为： A. 优 B. 良 C. 一般			
	装饰制作	依装饰品制作是否精美分为： A. 优 B. 良 C. 一般			
	酒体、载杯、装饰的搭配	依酒体、载杯、装饰的搭配是否合理、美观分为： A. 优 B. 良 C. 一般			
名	酒名	依酒名是否能够彰显酒的品质分为： A. 优 B. 良 C. 一般			
整体评价			改进措施		

（二）能力评价

课程目标	考核内容和具体要求	小组评价（达标/不达标）	教师评价（达标/不达标）
知识目标	掌握兑和法的定义		
技能目标	调制B-52轰炸机鸡尾酒的技能		
	调制彩虹鸡尾酒的技能		
	掌握吧匙引流的技能		
	掌握点酒服务的步骤		
	掌握柠檬片装饰物制作的技能		
能力目标	组织能力		
	沟通能力		
	解决问题的能力		
	自我管理能力		
	创新能力		
职业素养	敬业精神		
	服务意识		
整体评分			
建议			

知识巩固

1. B-52轰炸机鸡尾酒的基酒是（　　）。
   A. 伏特加　B. 威士忌　C. 龙舌兰　D. 雪碧
2. 彩虹鸡尾酒可以分层的原因是（　　）。
   A. 酒水颜色不同　B. 酒水密度不同
   C. 酒水酒精含量不同　D. 使用了引流的方法
3. B-52轰炸机鸡尾酒使用的载杯是（　　）。
   A. 柯林杯　B. 玛格丽特杯　C. Tiki杯　D. 吞杯
4. 兑和法的定义是什么？
5. 吧匙引流的操作方法是什么？

任务5
搅和法调制鸡尾酒

一、搅和法的定义

搅和法（Blending）是借助搅拌机或料理机，将烈酒、冰激凌、水果块、冰块等质地较厚重或难以手动混合的原料高速搅打，使其充分粉碎、乳化并均匀融合的调制方法。

二、香蕉特其利鸡尾酒的调制过程

（一）香蕉特其利鸡尾酒的由来

香蕉特其利鸡尾酒（Banana Daiquiri）是得其利（Daiquiri）鸡尾酒家族的变体。它诞生于20世纪50年代的加勒比群岛。最初的得其利由美国工程师在古巴用朗姆酒、青柠和糖制成。而香蕉特其利在此基础上加入了香蕉利口酒或新鲜香蕉等成分，增添了香蕉的香甜风味。因其清爽酸甜且带有浓郁果香，后来成为游轮派对和度假酒店的招牌饮品，还在电影《007》中出现过，随着电影传播而被更多人知晓。

（二）调制配方

配方：白朗姆酒1.5盎司、香蕉1根、酸甜柠檬汁1盎司、蜂蜜、冰块。

装饰物：香蕉。

工具：量酒器、电动搅拌机、碎冰机、冰铲、长柄匙、砧板、水果刀。

载杯：长饮鸡尾酒杯。

（三）调制步骤

1. 准备工作

调制香蕉特其利鸡尾酒前需要准备基酒和辅料、准备工具并整理操作台，具体见表6-27。

表6-27 香蕉特其利鸡尾酒调制准备工作

图片讲解	操作方法	注意事项
 	（1）准备基酒和辅料 在操作台上准备以下物品：白朗姆酒、香蕉、酸甜柠檬汁、蜂蜜、冰块	检查材料的食用期限和新鲜完好程度

续表

图片讲解	操作方法	注意事项
	（2）准备工具 准备电动搅拌机、碎冰机、冰铲、长柄匙、量酒器、长饮鸡尾酒杯、砧板、水果刀	检查碎冰机、搅拌机是否干净卫生，能否正常使用 碎冰机和搅拌机比较重，一般放在吧台的固定位置，不宜搬动
	（3）整理操作台 要求操作台干净无水迹无污渍，物品摆放整齐，方便使用	检查电源能否正常供电

2. 加工香蕉

调制香蕉特其利鸡尾酒的过程中，需要对香蕉进行加工，具体见表6-28。

表6-28 加工香蕉步骤

图片讲解	操作方法	注意事项
	（1）切块 将150~200克的香蕉切成2~3厘米厚的小块	通常一根大香蕉即可
	（2）香蕉剥皮 用刀在皮上切一个小口，从小口处剥去香蕉皮	香蕉皮要用小碟暂时存放，等到结束工作后再分类处理

续表

图片讲解	操作方法	注意事项
	（3）搅拌香蕉 正式调制时，把香蕉小块放入搅拌机中即可	要用吧匙或者冰夹等工具辅助将食物加入搅拌机中。避免用手直接触碰食物

3．制作碎冰

调制香蕉特其利鸡尾酒时需要加入碎冰，碎冰需现制现用，具体制作步骤见表6-29。

表6-29 制作碎冰操作步骤

图片讲解	操作方法	注意事项
	（1）取冰块 取冰块约200克，倒入碎冰机中	可以用冰铲直接取冰块装入碎冰机中
	（2）碎冰 把冰块加入冰斗中，接冰盘放到出冰口下准备接冰，左手打开电源，右手按压碎冰机的手柄，强制刨冰	注意切勿将手放入冰斗中，以防受伤； 碎冰散落盘外即认定被污染，应将其丢弃不可使用

续表

图片讲解	操作方法	注意事项
	（3）放入盘中 将碎冰放在盘中备用	把冰块用碎冰机刨碎，然后在正式调制时才可以放入电动搅拌机中搅拌。其目的是方便在电动搅拌机中搅拌

4. 调制工作

调制香蕉特其利鸡尾酒分为兑和、搅拌、斟倒3个步骤，具体操作见表6-30。

表6-30 香蕉特其利鸡尾酒调制工作

图片讲解	操作方法	注意事项
	（1）兑和 按配方兑和以下原料：1.5盎司白朗姆酒、1盎司酸甜柠檬汁、半匙蜂蜜和3～4盎司碎冰	因碎冰极易融化，操作速度要快
 	（2）搅拌 把酒水和香蕉一起投入电动搅拌机中，开启电源，将开关置于强力挡位搅拌10秒	电动搅拌机属高速电动器具，专门调制量大或因存在块状材料而难以充分混合的酒 各挡位模式： M：电动模式 1：正常挡位 2：强力挡位

续表

图片讲解	操作方法	注意事项
	（3）斟倒 用吧匙协助斟，将调好的酒水入长饮鸡尾酒杯中	以八分满为宜

5．装饰

调制香蕉特其利鸡尾酒所用到的装饰物为香蕉片，具体步骤见表6-31。

表6-31 香蕉特其利鸡尾酒装饰物制作

图片讲解	操作方法	注意事项
	（1）香蕉切片 用水果刀切下一片厚1～1.3厘米的香蕉片	厚度超过1.5厘米时，观赏效果变差
	（2）切缺口 用刀在香蕉上切一个小缺口，缺口深至香蕉片的半径	切口为楔形

续表

图片讲解	操作方法	注意事项
	（3）挂杯 用香蕉装饰，将缺口部位挂在酒杯上	也可以尝试其他的装饰方法，创造一款新的鸡尾酒（创新方法见本任务的相关知识部分）
	（4）检查出品 从量、色、载杯、装饰等方面对所调制的酒水进行检查	如有问题要重新制作

三、椰林飘香鸡尾酒的调制过程

（一）椰林飘香鸡尾酒的由来

椰林飘香鸡尾酒（Piña Colada）是波多黎各的“国饮”。最被认可的说法是，1952年8月15日，波多黎各自由邦首府圣胡安希尔顿酒店的调酒师拉蒙·“蒙奇托”·马雷罗·佩雷斯（Ramón ‘Monchito’ Marrero Pérez），将当时新诞生的饮料——椰奶与白朗姆酒、菠萝汁混合，创造了这款鸡尾酒。其名在西班牙语中意为“菠萝茂盛的山谷”。1978年，波多黎各政府将其定为“国饮”。1979年，歌曲《逃亡——椰林飘香之歌》登顶美国音乐排行榜，也使这款酒饮在全球范围内广受欢迎。

椰林飘香鸡尾酒制作视频

（二）调制配方

配方：白朗姆酒2盎司、黑朗姆酒1盎司、菠萝汁3盎司、椰奶2盎司、樱桃1颗、菠萝1片。

装饰物：菠萝、红樱桃。

工具：量酒器、电动搅拌机、吧匙、砧板、水果刀。
载杯：旋风杯。
调制方法：搅和法。

（三）调制步骤

1. 准备工作

调制椰林飘香鸡尾酒前需准备基酒和辅料、准备工具，具体见表6-32。

表6-32 椰林飘香鸡尾酒调制准备工作

图片讲解	操作方法	注意事项
	（1）准备基酒和辅料 在操作台上准备以下物品：白朗姆酒、黑朗姆酒、菠萝汁、椰奶、樱桃、菠萝片	检查酒水和辅料的食用期限和新鲜完好程度
	（2）准备工具 量酒器、电动搅拌机、吧匙、砧板、水果刀	检查搅拌机是否干净卫生，能否正常使用； 搅拌机比较重，一般放在吧台的固定位置，不宜搬动

2. 调制工作

调制椰林飘香鸡尾酒分为兑和、搅拌、斟倒3个步骤，具体见表6-33。

表6-33 椰林飘香鸡尾酒的调制工作

图片讲解	操作方法	注意事项
	（1）兑和 按配方兑和以下原料： 白朗姆酒2盎司、黑朗姆酒1盎司、菠萝汁3盎司、椰奶2盎司	注意控制原料用量

续表

图片讲解	操作方法	注意事项
	（2）搅拌 把兑和好的酒水投入电动搅拌机中，开启电源，将开关置于强力挡位搅拌5～10秒	电动搅拌机属高速电动器具，专门调制量大或因存在块状材料而难以充分混合的酒 各挡位模式： M：电动模式 1：正常挡位 2：强力挡位
	（3）斟倒 用吧匙协助斟入旋风杯中	以八分满为宜

3. 装饰

调制椰林飘香鸡尾酒所用到的装饰物是菠萝和樱桃，具体操作见表6-34。

表6-34 椰林飘香鸡尾酒装饰制作

图片讲解	操作方法	注意事项
	（1）菠萝切片 用水果刀将菠萝切成厚1～1.3厘米的菠萝片	厚度超过1.5厘米时，观赏效果变差

续表

图片讲解	操作方法	注意事项
	（2）挂杯 用菠萝片挂杯，用吸管将樱桃穿过后放入杯中	放入装饰物时，要用冰夹夹放，避免用手直接触碰

知识链接 ▶ 酒品领用操作流程

步骤	内容	注意事项
检查	以标准存货量为依据	注意不同部门的酒水存量不同
	数量是否满足营业需要	举办活动、宴会等特殊场合时，酒水需求量会有很大，酒吧员工要及时和采购部或仓库进行沟通，保证客户所需
填写申领单	使用统一编号和酒名	一般领用酒水时，需要酒吧领班签名
	烈酒以瓶为单位，其他饮料等以箱、桶为单位	不设领班时要检查数量是否核对清楚
	字迹清楚无涂改	
领取酒水	以空瓶置换新酒	回收空瓶登记并保存完好
	根据申请单逐一签字领取	领取酒水时要检查酒水质量
入账	在酒盘存表上填写正确领数	当前存量=领用前存量+新领量
储存	申领酒水后应分类储存，上架前要先擦干净，按要求摆放	酒水按照“先领先出、后领后出”的原则进行使用，以免久置变质
	啤酒、罐装饮料存放在冷藏冰箱	

四、冰杯的制作过程

在调制特定品种的鸡尾酒时会用到冰杯，冰杯的目的是让鸡尾酒保持干爽和低温，防止因为酒水回温导致的口感流失。冰杯不仅能够品尝到酒水的最佳味道，与此同时也会延长冰凉效果，从而使酒水达到最好口感。冰杯的制作过程见表6-35。

表6-35 冰杯的制作过程

图片讲解	操作方法	注意事项
	（1）加冰 手持杯脚，在杯中放几个冰块	①手持杯脚，防止手温加热酒杯 ②因不同品种鸡尾酒使用的杯子不同，所加冰块的数量也要变化，以更好地降低酒杯温度
	（2）摇动冰杯 摇转杯子，使冰块产生离心力在杯壁上溜滑，以降低杯子温度	当杯壁起一层白雾时，停止摇动
	（3）倒冰 降温结束，倒掉冰块	不可以擦拭降温后的酒杯。制好的冰杯，可以直接加调好的酒水

五、挂霜的操作过程

在调制特定品种的鸡尾酒时会运用挂霜的操作技巧，具体操作见表6-36。

表6-36 挂霜的操作过程

图片讲解	操作方法	注意事项
	（1）准备食盐 把精制食盐倒入一平底盘中，理平、理薄	盐层一定要薄要平，这样制出来的盐圈才能均匀一致

续表

图片讲解	操作方法	注意事项
	（2）涂抹杯口 切一片柠檬，把柠檬汁轻轻地涂到载杯口上	涂抹时用力要一致，只能在杯口的最上沿涂抹，涂抹时用力要轻
	（3）粘盐圈 把载杯轻轻地倒扣在盐层上，粘上一层盐圈，如盐层过多，可以轻弹酒杯，弹掉一部分盐	动作要轻柔、落杯要平

六、任务评价

（一）品饮评价

评价项目	评价内容	评价标准	个人评价	小组评价	教师评价
色	颜色	依与标准成品的颜色接近程度分为： A. 优 B. 良 C. 一般			
	浊度（澄清度）	依与标准成品的浊度（澄清度）接近程度分为： A. 优 B. 良 C. 一般			
	混合程度	依与标准成品的混合程度接近程度分为： A. 优 B. 良 C. 一般			
香	香气种类	依香气种类程度分为： A. 优 B. 良 C. 一般			
	香气和谐情况	依香气和谐程度分为： A. 优 B. 良 C. 一般			
	异杂气味	依异杂气味有无、强弱程度分为： A. 优 B. 良 C. 一般			
味	酸	依口感舒适度分为： A. 优 B. 良 C. 一般			
	甜	依口感舒适度分为： A. 优 B. 良 C. 一般			
	苦	依口感舒适度分为： A. 优 B. 良 C. 一般			
	辣	依口感舒适度分为： A. 优 B. 良 C. 一般			

续表

评价项目	评价内容	评价标准	个人评价	小组评价	教师评价
味	香	依口感舒适度分为： A. 优 B. 良 C. 一般			
	涩	依口感舒适度分为： A. 优 B. 良 C. 一般			
	咸	依口感舒适度分为： A. 优 B. 良 C. 一般			
	麻	依口感舒适度分为： A. 优 B. 良 C. 一般			
	其他味	依口感舒适度分为： A. 优 B. 良 C. 一般			
器	形器对酒的表达	依载杯是否能够彰显酒的品质程度分为： A. 优 B. 良 C. 一般			
形	酒体形状	依酒体形状是否饱满、层次是否分明分为： A. 优 B. 良 C. 一般			
	装饰制作	依装饰品制作是否精美分为： A. 优 B. 良 C. 一般			
	酒体、载杯、装饰的搭配	依酒体、载杯、装饰的搭配是否合理、美观分为： A. 优 B. 良 C. 一般			
名	酒名	依酒名是否能够彰显酒的品质分为： A. 优 B. 良 C. 一般			
整体评价			改进措施		

（二）能力评价

课程目标	考核内容和具体要求	小组评价（达标/不达标）	教师评价（达标/不达标）
知识目标	掌握搅和法的定义		
技能目标	调制香蕉特其利的技能		
	调制椰林飘香的技能		
	掌握酒品领用操作流程		
	掌握冰杯的操作技能		
	掌握挂霜的操作技能		
能力目标	组织能力		
	沟通能力		
	解决问题的能力		
	自我管理能力		
	创新能力		
职业素养	敬业精神		
	服务意识		
整体评分			
建议			

知识巩固

1. 香蕉特其利鸡尾酒的基酒是（　　）。
   A. 伏特加　　B. 威士忌　　C. 龙舌兰　　D. 朗姆酒
2. 以下采用搅和法调制的鸡尾酒是（　　）。
   A. 玛格丽特　　B. 血腥玛丽　　C. 椰林飘香　　D. 长岛冰茶
3. 香蕉特其利鸡尾酒采用的调制方法是（　　）。
   A. 调和法　　B. 摇和法　　C. 兑和法　　D. 搅和法
4. 冰杯的目的是什么？
5. 挂霜的做法是什么？

任务6 鸡尾酒调制创新

一、鸡尾酒的调制程序

鸡尾酒的调制程序主要包括准备、调制、装饰和出品。

（一）准备

1．备材料

按照配方的要求，把所需要的酒水材料准备好。

2．备工具

按照配方的要求，把所需要的调酒工具准备好。

3．备载杯

每一款鸡尾酒都有指定的载杯与之配套，应提前把所需要的载杯准备好。

4．备装饰物

鸡尾酒的装饰物主要有两类，一类是需要在酒水制作前做好的，比如霜口杯；另一类是在酒水制作完毕后加装上去的，比如柠檬片挂杯。

（二）调制

1．取瓶

把酒瓶从酒柜取下放到操作台的过程称为取瓶。取瓶的时候要注意不能背对着客人，这样给客人的感觉是不礼貌的。调酒师应该略微侧身从酒柜上取下酒水。

2．传瓶

把酒瓶从酒柜或操作台上传到手中的过程称为传瓶。传瓶一般有从左手传到右手或从下方传到上方两种情形。用左手拿瓶颈部传到右手上，用右手拿住瓶的中间部位，或直接用右手从瓶的颈部上提至瓶中间部位。这一过程要求动作快、稳。

3. 示瓶

把酒瓶展示给客人。用左手托住瓶下底部，右手拿住瓶颈部，呈45°将商标面向客人。从传瓶到示瓶是一个连贯的动作。

4. 开瓶

用右手拿住瓶身，左手中指逆时针方向向外拉酒瓶盖，用力得当时可一次拉开。可以用左手虎口即拇指和食指夹起瓶盖，也可以将瓶盖放在台面上。

5. 量酒

开瓶后立即用左手中指、食指和无名指夹起量杯（根据需要选择量杯大小），两臂略微抬起呈环抱状，把量杯放在靠近容器的正前上方约一寸（3.33厘米）处，量杯要端平。然后右手将酒倒入量杯中，倒满后收瓶口，左手同时将酒倒进所用的容器中。然后放下量杯，用左手拇指顺时针方向盖好瓶盖，将酒瓶放回原位。

6. 调制

注入原料后，按照配方规定的调酒方法进行调制。调制动作要讲究规范、标准、快速、美观。

（三）装饰

按照配方的要求，用预先准备好的装饰材料，对鸡尾酒进行装饰。

（四）出品

出品即这款鸡尾酒已经制作完毕，可以对外销售了。此时需要对鸡尾酒进行检查，主要涉及鸡尾酒的色泽、装饰物、载杯等。一旦发现与配方有差别，应该立即停止出品，重新调制。

（五）归位与清洁

调酒结束后，首先要把酒水材料放回原位；其次立即清理使用过的调酒工具；最后整理工作台，保证台面的卫生和干净。

二、鸡尾酒的调制原则

（一）规范

鸡尾酒调制一定要规范，需要考虑以下要素。

1. 配方

按配方调制并按正确顺序来制作。

2. 洁杯

调酒前需事先确认杯具是否干净。

3. 量器

养成使用量酒器的习惯。

4. 果汁、水果、冰块

应选用正确及新鲜的果汁、水果、冰块，并事先准备好。

5．酒杯

配合鸡尾酒品种正确选择；使用前宜事先冰冻。

6．动作

搅拌或摇荡时动作应迅速，并即刻倒入杯内。

7．冰块

搅拌时使用大型冰块；摇时使用碎冰块；混合时使用细冰块。

（二）卫生

调制鸡尾酒时，卫生至关重要。为了保证鸡尾酒的卫生，调酒师需要注意以下几点：调酒用的基酒、辅料、装饰、用具等都要清洗干净；使用材料必须新鲜，特别是蛋、奶、果汁等，使用前必须在公杯内打开鸡蛋，以检查新鲜程度；调酒器具要保持干净清洁，以便随时使用；双手必须保持干净，手是客人注意的焦点；装饰用水果要新鲜；罐装装饰水果如樱桃，要根据当天用量提前冲洗干净，用保鲜膜封好放入冰箱备用；在调制操作过程中应尽量避免用手接触装饰物；吧匙、量杯等器具用完洗净后应放入清水中。

（三）动作

调制鸡尾酒的过程应具有表演性和观赏性，这对渲染气氛、给宾客以美好的视觉享受具有积极作用，因此要求调酒师在调酒过程中要展示良好健康的精神风貌，要求动作娴熟潇洒、连贯自然、姿态优美。

三、自创鸡尾酒的基本规则

自创鸡尾酒是一种自娱性很强的混合饮料，它不同于其他产品的生产，可以由调制者根据自己的喜好和口味特征来尽情地想象与发挥。但是，如果要使它成为商品，在饭店、酒吧中进行销售，那就必须符合一定的规则。

（一）新颖

新颖即创新和独特性，这样才能吸引顾客的注意。任何一款自创鸡尾酒首先必须突出“新”，即在已流行的鸡尾中没有记载。此外，无论在表现手法，还是在色彩、口味，以及酒品所表达的意境等方面，自创的鸡尾酒都应令人眼前一亮，给品尝者以新意。自创鸡尾酒的新颖性原则，要求创作者能充分运用各种调酒材料和艺术手段，通过挖掘、思考和构思，创作出色、香、味、形俱佳的新酒品。

（二）易于推广

任何一款自创鸡尾酒的设计都有一定的目的，要么是设计者自娱自乐，要么是在某个特定的场合为渲染或烘托气氛而进行即兴创作，但更多的是专业调酒师为了饭店、酒吧经营的需要而进行的专门创作。创作目的不同，决定了创作者的设计手法也不完全一样。为经营所需而创作的鸡尾酒，在构思时必须遵循易于推广的原则。

第一，鸡尾酒的创作不同于其他商品，它是一种饮品，首先必须满足消费者的口味需要。创作者必须充分了解消费者的需求，使自己创作的酒品能适应市场的需要，易于被消费者接受。

第二，既然创作的鸡尾酒是一种商品，就必须要考虑其利润和创作成本。鸡尾酒的成本由调制的主料、辅料、装饰品等直接成本和其他间接成本构成。成本的高低，尤其是直接成本的高低，直接影响到酒品的销售价格。价格过高，消费者接受不了，会严重影响到酒品的推广。因此，在进行鸡尾酒创作时，应当选择口味较好，价格又不是很昂贵的酒品作为基酒进行调配。

第三，配方简洁是鸡尾酒易于推广和流行的又一因素。从以往的鸡尾酒配方来看，绝大多数配方都很简洁，易于调制。即使以前比较复杂的配方，随着时代的发展和人们需求的变化，也变得越来越简洁。如“新加坡司令”，当初发明的时候，调配材料有十多种，但由于复杂的配方很难记忆，制作也比较麻烦，因此，在推广过程中被人们逐步简化，变成了现在的配方。所以，在设计和创作新鸡尾酒时，配方必须简洁，一般每款鸡尾酒的主要调配材料应控制在五种或五种以内，这既利于调配，又利于流行和推广。

第四，遵循基本的调制法则，并有所创新。任何一款新创作的鸡尾酒，除了要易于推广、易于流行，还必须易于调制。在调制方法的选择上不外乎摇和、搅和、兑和、调和等方法。当然，创新鸡尾酒在调制方法上也是可以创新的，如将摇和法与兑和法结合、将摇和法与直接注入法结合等。

（三）色彩鲜艳独特

色彩是表现鸡尾酒魅力的重要因素之一，任何一款自创鸡尾酒都可以通过赏心悦目的色彩来吸引消费者，并通过色彩来增加鸡尾酒自身的鉴赏价值。因此，鸡尾酒的创作者们在创作鸡尾酒时，都需要特别注意酒品颜色的选用。鸡尾酒中常用的色彩有红、蓝、绿、黄、褐等，出现最多的颜色是红、蓝、绿以及少量黄色，而在鸡尾酒创作中，这几种颜色也是用得最多的，使得许多酒品在视觉效果上不再有什么新意，缺少独创性。因此，创作时应考虑到色彩的与众不同，增加酒品的视觉效果。

（四）味道卓越

口味是评判一款自创鸡尾酒好坏以及能否流行的重要标志，鸡尾酒的创作必须将口味作为一个重要因素加以认真考虑。口味卓绝的原则要求新创作的鸡尾酒，首先必须诸味调和，酸、甜、苦、辣必须相协调，过酸、过甜或过苦，都会掩盖人的味蕾对味道的品尝能力，从而降低酒的品质；其次，新创鸡尾酒在口味上还需满足消费者的口味需求，虽然不同地区的消费者在口味上有所不同，但作为流行性和国际性很强的鸡尾酒，在设计时必须考虑其广泛性要求，在满足绝大多数消费者共同需求的同时，再适当兼顾本地区消费者的口味需求；最后，还应注意突出基酒的口味，避免辅料“喧宾夺主”。基酒是任何一款酒品的根本和核心，无论采用何种辅料，最终形成何种口味特征，都不能掩盖基酒的味道，造成主次颠倒。

四、自创鸡尾酒的基本创作规则

（一）选择基酒与配料

一款鸡尾酒的灵魂在于基酒和配料的选择。为了打造一款别具一格的鸡尾酒，需要选择口感均衡、香气宜人的基酒，如白兰地、金酒或朗姆酒等。同时，可根据个人口味和创意，选择不同风味的配料，如柑橘类水果、果汁、香草、巧克力等。

（二）设计鸡尾酒配方

在确定了基酒和配料后，可以开始设计鸡尾酒的配方。根据配料的特性，将其分为前调、中调和后调三个层次，分别对应鸡尾酒的初饮、口感变化和余韵。通过合理搭配基酒和配料，可以打造出一款层次丰富、口感均衡的鸡尾酒。

（三）调制方法与技巧

调制鸡尾酒是一门艺术，需要掌握一定的技巧和方法。首先，需要将基酒和配料按照一定的比例混合，并使用搅拌或摇荡的方式使其充分融合；其次，在调制过程中，还需注意轻拿轻放，避免损坏酒体；最后，为了使鸡尾酒更具有观赏性和吸引力，可以适当地添加装饰物。

（四）不断尝试与优化

自创鸡尾酒需要不断尝试和优化。在第一次调制成功后，可以根据品鉴者的反馈进行适当的调整和优化。例如，可以改变配料的比例、更换基酒等，以打造出更符合品鉴者口味的鸡尾酒。此外，还可以尝试将不同的鸡尾酒配方进行融合，创造出更具特色的新品。

（五）文化与情感融入

在自创鸡尾酒的过程中，还可以融入一定的文化与情感元素。例如，可以根据当地的民俗文化、节日氛围或个人情感经历，设计出具有特殊意义的鸡尾酒。这样不仅能增加鸡尾酒的品饮趣味性，还能使品鉴者感受到独特的文化氛围和情感体验。

（六）推广与品鉴

自创鸡尾酒需要进行推广和品鉴。可以通过举办品鉴会、社交媒体宣传等方式，邀请朋友、同事或感兴趣的品鉴者来品尝鸡尾酒。在品鉴过程中，还可以收集反馈信息，以便对鸡尾酒进行进一步的优化和改进。

五、鸡尾酒的色彩寓意

色彩的刺激使人产生不同的感性反应，这些感性反应有的是本能反应，有的是由于长期经验的积存，有的是对自然、环境、事物的联想，还会因为人的性别、年龄、爱好和生活环境的差异而各有不同。通常人们从红色中会具体联想到火、太阳、血，又可抽象联想到热情、温暖、危险；从青色中会具体联想到水、海洋、天空、湖泊、清泉，又可抽象联想到理智、沉静、清爽、冷淡；从绿色中会具体联想到草地、森林、山川、树叶，又可抽象联想到春天、和平、新鲜、青春；从黄色中会具体联想到黄金、月亮、阳光，又可抽象联想到光明、希望、明快、活泼等。鸡尾酒的确使人们能从色彩效果中得到感情的抒发。

知识链接 ▶ 为宾客存酒

（一）客人用餐结束时

如果所用酒水有剩余，酒吧服务员要主动提示客人是否留存酒水，说："先生/女士，您的酒水还有剩余，如果您不方便带回的话，我们可以为您提供存酒的服务，您下次来用餐时可以继续使用，您看可以吗？"

（二）填写存酒卡

存酒卡内容有"姓名、单位、联系电话、厅房名称、酒水名称、剩余量、存放时间、保管期限"，督促酒水员将存酒标签贴在所存酒瓶上并做好签字登记。存酒卡一式两份，客人和酒吧各持一份。

（三）在客人下次来消费时

要主动提示客人使用。

（四）沟通联系

定期与存酒客人电话联系提醒。

知识巩固

1. 以下不属于自创鸡尾酒的调制原则规范的是（　　）。
   A. 配方　B. 洁杯　C. 量器　D. 装饰物
2. 以下不属于自创鸡尾酒的基本规则的是（　　）。
   A. 新颖　B. 易于推广　C. 色彩鲜艳独特　D. 用料高端
3. 当为客人存酒时，存酒卡应该（　　）。
   A. 一式即可　B. 一式两份　C. 一式三份　D. 一式四份
4. 鸡尾酒的调制程序是什么？
5. 自创鸡尾酒的基本规则是什么？

附录

常见鸡尾酒配方

一、常见鸡尾酒配方

（一）白兰地亚历山大（Brandy Alexander）

配方：白兰地1盎司、黑可可酒1盎司、牛奶1盎司、冰块。
装饰物：豆蔻粉。
工具：量酒器、摇壶。
载杯：鸡尾酒杯。
调制方法：摇和法。
操作程序：
1. 在摇壶内加入适量冰块。
2. 依次将牛奶、黑可可酒、白兰地倒入摇壶内。
3. 大力摇匀后滤入鸡尾酒杯中。
4. 在杯中撒入少许豆蔻粉装饰。

（二）威士忌酸（Whisky Sour）

配方：威士忌1盎司、柠檬汁1盎司、糖浆1/2盎司、冰块。
装饰物：带梗红樱桃。
工具：量酒器、摇壶。
载杯：鸡尾酒杯。
调制方法：摇荡法。
操作程序：
1. 在摇壶内加入适量冰块。
2. 依次将柠檬汁、糖浆、威士忌加入摇酒壶内，大力摇匀后滤入鸡尾酒杯中。
3. 将带梗红樱桃挂在杯边装饰。

（三）罗布罗伊（Rob Roy）

配方：苏格兰威士忌1盎司、甜味美思1盎司、冰块。
装饰物：带梗红樱桃。
工具：量酒器、吧匙、调酒杯。
载杯：鸡尾酒杯。
调制方法：调和法。
操作程序：
1. 将适量冰块加入摇酒杯内。
2. 依次将甜味美思、苏格兰威士忌加入到调酒杯中。
3. 用吧匙调和后滤入鸡尾酒杯中。
4. 用带梗红樱桃装饰杯边。

（四）布朗克斯（Bronx）

配方：金酒1盎司、干味美思1/2盎司、甜味美思1/2盎司、橙汁1/2盎司、冰块。
装饰物：无。

工具：量酒器、摇壶。
载杯：鸡尾酒杯。
调制方法：摇荡法。
操作程序：
1. 先将冰块加入摇壶中。
2. 依次倒入橙汁、干味美思、甜味美思、金酒。
3. 大力摇匀后滤入鸡尾酒杯中。

（五）士天架（Stinger）

配方：白兰地1.5盎司、白薄荷酒1/2盎司、冰块。
装饰物：无。
工具：量酒器、吧匙。
载杯：古典杯。
调制方法：调和法。
操作程序：
1. 先将冰块放入古典杯中。
2. 将白薄荷酒倒入古典杯中。
3. 将白兰地倒入古典杯后调和完成。

（六）边车（Side car）

配方：白兰地1盎司、橙味甜酒1/2盎司、青柠汁3/4盎司、冰块。
装饰物：无。
工具：量酒器、摇壶。
载杯：鸡尾酒杯。
调制方法：摇和法。
操作程序：
1. 先将适量的冰块加入摇壶中。
2. 依次将青柠汁、橙味甜酒、白兰地倒入壶中。
3. 大力摇匀后滤入鸡尾酒杯中。

（七）百加得鸡尾酒（Bacardi Cocktail）

配方：百加得朗姆酒1盎司、柠檬汁1/3盎司、石榴汁1/2盎司、冰块。
装饰物：无。
工具：量酒器、摇壶。
载杯：鸡尾酒杯。
调制方法：摇荡法。
操作程序：
1. 先将冰块加入摇壶中。
2. 依次将石榴汁、柠檬汁、百加得朗姆酒倒入摇壶中。
3. 大力摇匀后滤入鸡尾酒杯中。

（八）青草蜢（Grasshopper）

配方：绿薄荷酒2/3盎司、白可可酒2/3盎司、淡奶2/3盎司、冰块。
装饰物：无。
工具：量酒器、摇壶。
载杯：鸡尾酒杯。
调制方法：摇荡法。
操作程序：
1. 先将冰块倒入摇壶中。
2. 依次将淡奶、白可可酒、绿薄荷酒倒入壶中。
3. 大力摇匀后滤入鸡尾酒杯中。

（九）特基拉日出（Tequila Sunrise）

配方：特基拉1盎司、橙汁4盎司、石榴汁1/4盎司、冰块。
装饰物：橙角、红樱桃。
工具：量酒器、吧匙。
载杯：柯林杯。
调制方法：直接注入法。
操作程序：
1. 将2～3块冰块加入柯林杯。
2. 倒入橙汁。
3. 用吧匙沿杯边倒入石榴汁。
4. 用吧匙搅拌，使石榴汁、橙汁适度溶和并形成分层。
5. 在顶层加入特基拉酒。
6. 将装饰物挂在杯口。

（十）黄金凯迪拉克（Golden Cadillac）

配方：加利安奴酒1盎司、白可可酒1/2盎司、淡奶1/2盎司、冰块。
装饰物：无。
工具：量酒器、摇壶。
载杯：鸡尾酒杯。
调制方法：摇荡法。
操作程序：
1. 先将适量冰块加入摇壶中。
2. 依次将淡奶、白可可酒、加利安奴酒加入壶中。
3. 大力摇匀后滤入鸡尾酒杯中。

（十一）金色的梦（Golden Dream）

配方：加利安奴酒1/2盎司、橙味酒1/2盎司、橙汁1/2盎司、淡奶1/2盎司、冰块。
装饰物：无。
工具：量酒器、摇壶。

载杯：香槟杯。
调制方法：摇和法。
操作程序：
1. 将冰块加入摇壶中。
2. 依次将淡奶、橙汁、橙味酒、加利安奴酒倒入壶中。
3. 大力摇匀后滤入香槟杯中。

（十二）热托蒂（Hot Toddy）

配方：威士忌1盎司、糖浆1吧匙、开水。
装饰物：柠檬皮。
工具：量酒器、吧匙。
载杯：古典杯或带把咖啡杯。
调制方法：调和法。
操作程序：
1. 将威士忌加入杯中。
2. 倒入糖浆。
3. 将开水倒入杯后调和。
4. 将柠檬皮放入杯中作装饰。

（十三）教父（Godfather）

配方：苏格兰威士忌1盎司、杏仁甜酒1/2盎司、冰块。
装饰物：无。
工具：量酒器、吧匙。
载杯：古典杯。
调制方法：调和法。
操作程序：
1. 先将冰块放入古典杯中。
2. 依次将杏仁甜酒、苏格兰威士忌倒入古典杯中。
3. 用吧匙调和均匀后完成。

（十四）盐狗（Salt Dog）

配方：伏特加1盎司、西柚汁4盎司、冰块、盐。
装饰物：无。
工具：量酒器、吧匙。
载杯：古典杯。
调制方法：调和法。
操作程序：
1. 先作盐边。
2. 再将适量冰块倒入古典杯中。
3. 依次将伏特加、西柚汁倒入杯中。

4．调和均匀后完成。

（十五）金考斯特（Gin Crusta）

配方：金酒3/2盎司、君度1盎司、橙汁1/2盎司、柠檬汁1/2盎司、砂糖。
装饰物：红樱桃。
工具：摇壶、量酒器。
载杯：三角杯。
调制方法：摇和法
操作程序：
1．先作糖边。
2．再将适量冰块倒入摇壶中。
3．依次倒原料倒入杯中调匀后完成，用红樱桃装饰。

（十六）黛西（Daisy）

配方：特基拉酒2盎司、柠檬汁1/2盎司、石榴汁1/2盎司、苏打水适量、冰块。
装饰物：红樱桃、柠檬片。
工具：量酒器、摇壶。
载杯：古典杯。
调制方法：摇和法。
操作程序：
1．先将适量冰块倒入古典杯内。
2．依次将石榴汁、柠檬汁、特基拉酒倒入摇壶内，大力摇匀。
3．滤入古典杯内后，加入苏打水至八分满。
4．将红樱桃、柠檬片穿一起架杯装饰。

（十七）环游世界（Around World）

配方：伏特加1盎司、绿薄荷酒1/2盎司、菠萝汁5盎司、冰块。
装饰物：樱桃、吸管。
工具：量酒器、吧匙。
载杯：卡伦杯柯林。
调制方法：调和法。
操作程序：
1．先将柯林杯加入适量冰块。
2．依次将伏特加、绿薄荷酒、菠萝汁倒入杯中。
3．调和均匀后，将吸管穿一颗樱桃放入酒杯中。

（十八）美国佬（American）

配方：甜味美思2/3盎司、金巴利2/3盎司、冰块、苏打水。
装饰物：橙片、柠檬条。
工具：量酒器、吧匙。

载杯：柯林杯。
调制方法：调和法。
操作程序：
1. 将适量冰块倒入柯林杯中。
2. 依次将甜味美思、金巴利倒入杯中。
3. 兑入苏打水调和完成。
4. 用橙片、柠檬条挂杯。

（十九）薄荷弗莱培（Mint Frappe）

配方：薄荷酒、冰块1盎司。
装饰物：薄荷叶。
工具：量酒器、吧匙、捣锤、碎冰机。
载杯：香槟杯。
调制方法：直接注入法。
操作程序：
1. 在香槟杯内加满提前制好的碎冰。
2. 将薄荷叶捣碎放在冰上。
3. 加入薄荷酒。

（二十）古典（Old Fashioned）

配方：糖粉1吧匙、苦精1滴、威士忌1.5盎司、苏打水适量、冰块。
装饰物：柠檬片、红樱桃。
工具：量酒器、吧匙。
载杯：古典杯。
调制方法：调和法。
操作程序：
1. 将适量冰块倒入杯中。
2. 依次将苦精、糖粉、威士忌、苏打水倒入杯中。
3. 调和均匀后，将红樱桃、柠檬片穿好架在杯口。

（二十一）哈维渥班格（Harvey Wall Banger）

配方：伏特加1盎司、橙汁4盎司、加利安奴1/2盎司、冰块。
装饰物：橙片、樱桃。
工具：吧匙、量酒器。
载杯：古典杯。
调制方法：调和法。
操作程序：
1. 先将适量冰块倒入杯中。
2. 依次倒入伏特加、橙汁调和均匀。
3. 最后倒入加利安奴。

4. 将樱桃、橙片穿好架在杯口处。

（二十二）内格罗尼（Negroni）

配方：金酒2盎司、金巴利1盎司、甜味美思1/2盎司、冰块。
装饰物：扭曲柠檬皮。
工具：吧匙、量酒器。
载杯：三角杯。
调制方法：调和法。
操作程序：
1. 先将适量冰块倒入调酒杯中。
2. 依次倒入原料酒调和均匀。
3. 滤入三角杯中。
4. 切一片柠檬皮，在杯口上方处扭挤90°让果皮精油散落到杯中，然后将果皮；放入酒杯中。

（二十三）皇家凯尔（Kir Royal）

配方：黑加仑酒1/4盎司、香槟酒杯身八分满。
装饰物：无。
工具：量酒器。
载杯：香槟杯。
调制方法：直接注入法。
操作程序：
1. 先将黑加仑酒倒入杯内。
2. 倒入香槟酒至八分满。

（二十四）白色佳人（White Lady）

配方：金酒1盎司、君度1/2盎司、糖浆1/4盎司、柠檬汁1/4盎司、鸡蛋清适量、冰块。
装饰物：无。
工具：量酒器、摇壶。
载杯：鸡尾酒杯。
调制方法：摇和法。
操作程序：
1. 将适量冰块倒入摇壶中。
2. 依次将鸡蛋清、柠檬汁、糖浆、君度、金酒倒入壶中。
3. 大力摇匀后，滤入鸡尾酒杯内。

（二十五）波斯猫（Persian Cat）

配方：菠萝汁2盎司、橙汁2盎司、柠檬汁1盎司、石榴汁1/4盎司、鸡蛋黄1个、冰块。
装饰物：橙片、吸管、红樱桃。
工具：量酒器、摇壶。

载杯：柯林杯。
调制方法：和荡法。
操作程序：
1. 先将适量冰块倒入摇壶中。
2. 依次将菠萝汁、橙汁、柠檬汁、石榴汁、鸡蛋黄倒入壶中。
3. 大力摇匀后全部倒入柯林杯内。
4. 用橙片、吸管、红樱桃装饰。

（二十六）香槟鸡尾酒（Champagne Cocktail）

配方：糖粉1吧匙、苦精1滴、香槟酒杯身八分满。
装饰物：柠檬皮。
工具：吧匙。
载杯：香槟杯。
调制方法：调和法。
操作程序：
1. 将1滴苦精倒入杯中。
2. 将香槟酒倒入杯中。
3. 加入1吧匙糖粉调和。
4. 用柠檬皮擦拭杯口后放入杯中。

（二十七）两者之间（Between the Sheets）

配方：白朗姆酒1.5盎司、白兰地1/2盎司、橙味甜酒1/2盎司、青柠汁1.5盎司、冰块。
装饰物：红樱桃。
工具：量酒器、摇壶。
载杯：鸡尾酒杯。
调制方法：摇和法。
操作程序：
1. 先将适量冰块倒入摇壶中。
2. 依次将青柠汁、橙味甜酒、白兰地、白朗姆酒入壶中。
3. 大力摇匀后倒入鸡尾酒杯中。
4. 用红樱桃挂杯装饰。

（二十八）龙舌兰日出（Tequila Sunrise）

配方：龙舌兰酒1盎司、橙汁2盎司、红石榴糖浆1/2盎司、冰块。
装饰物：橙子片。
工具：量酒器、吧匙。
载杯：柯林杯。
调制方法：调和法。
操作程序：
1. 在柯林杯中加入适量冰块，倒入龙舌兰酒、橙汁。

2. 用吧匙沿杯壁倒入红石榴糖浆。
3. 橙子片挂杯装饰。

二、中式鸡尾酒配方

中国式鸡尾酒是用我国传统的大曲酒（高度数白酒）及营养丰富的果汁配制而成的，既保留了曲酒的香醇，又具有果汁的营养和风味。鸡尾酒配制方法简单，还可根据个人对酒的要求和爱好即配即饮，所以，在宴会上、酒吧里，特别是在家庭中，越来越受到人们的欢迎。

（一）火箭

原料：威士忌2盎司、洞庭酒1盎司、鲜橙1片、碎冰。

器皿：柯林杯。

制法：取适量碎冰放进杯内，注进威士忌，将切成圆形的鲜橙片放在碎冰与威士忌上面，橙片上再加碎冰块，至杯子将满，最后注入洞庭酒。插入一支吸管供用。

特点：鲜艳夺目，味浓香清醇，适于寒冷季节饮用，可配肉菜。

（二）牡丹红

原料：蜂王浆酒2盎司、白兰地酒1盎司、鸡蛋清1个、鲜番茄汁4盎司。

器皿：柯林杯。

制法：将上列材料注入调酒器内，加适量碎冰，摇匀（约30秒钟）至起泡，滤进载杯内，插入吸管供用。

特点：酒性温和，颜色鲜美，适于寒冷季节饮用。

（三）红玫瑰

原料：玫瑰露2盎司、鸡蛋清1个、单糖浆1盎司、鲜橙1个、汽水4盎司、碎冰。

器皿：柯林杯。

制法：先将玫瑰露、鸡蛋清、橙汁（用鲜橙挤取）、单糖浆注入摇壶内，加适量碎冰，摇匀至起泡。另将冰冻汽水注入载杯，加入混合好的酒液，用匙搅匀，使酒液内有气泡，加吸管可饮用。

特点：味美可口，色泽艳丽，红如红玫瑰，为寒冷季节饮用之佳品。

（四）太空星

原料：鲜橙1个、莲花白酒2盎司、鲜橙汁1盎司、罐头樱桃1颗、碎冰。

器皿：香槟杯。

制法：先在鲜橙顶部削下一圆片备用，然后挖去橙肉，留作皮壳，将莲花白酒与橙汁注入橙皮壳内，并将切下的圆片盖上（圆片顶上切一小三角孔），用吸管穿上樱桃，插在三角孔内。在香槟玻璃杯内放上碎冰，将装酒的橙子放在冰上。

特点：芳香可口，颜色瑰丽，适于餐前或聚会时饮用。

（五）红娘子

原料：莲花白酒1/2盎司、米酒1/2盎司、糖石榴汁1/2盎司（没有石榴汁可用其他红色果汁代替）、鸡蛋清1个、鲜柠檬1～4个（榨汁用）、罐头樱桃1颗、碎冰。

器皿：240毫升的阔口矮玻璃杯。

制法：先在调酒壶中放几块碎冰，注入酒水、石榴汁、鸡蛋清和鲜柠檬汁，摇动酒壶，使酒液产生泡沫，滤进杯内，用竹扦穿上红樱桃放在酒上点缀。

特点：酒味芳香，颜色鲜艳，为女士日常饮料。

（六）白娘子

原料：高粱酒2盎司、鲜奶1瓶约8盎司。

器皿：水杯。

制法：将高粱酒注入杯内，加鲜奶（鲜奶需先煮沸并放冰箱内冷冻）至满，搅匀即成。

特点：适合四季饮用，香味浓郁，佐餐食用极佳。

（七）好友

原料：威士忌2盎司、味美思1/2盎司、鲜橙1/4个、碎冰。

器皿：90克装的三角鸡尾酒玻璃杯。

制法：将适量碎冰块放入调酒壶内，注入酒水，用力摇匀，然后滤入杯内，再将1/4个鲜橙放在杯上点缀。

特点：酒味香郁，叙谈或餐前饮用极佳，适于四季饮用。

（八）丰收

原料：九江糯米酒2盎司、川贝雪梨汁2盎司、莲花白酒1/6盎司、矿泉水115毫升、雪梨1片、冰块。

器皿：300毫升的玻璃杯。

制法：将九江糯米酒、川贝雪梨汁及莲花白酒注入杯内，加少量冰块，再放入雪梨片，最后注入矿泉水至八成满，用长柄匙搅匀即成。

特点：酒味芳香可口，为理想的日常饮料。

参考文献

[1] 徐明. 调酒·茶艺 [M]. 广州：中山大学出版社，2010.
[2] 张波. 酒水服务与酒吧管理 [M]. 4版. 大连：大连理工大学出版社，2022.
[3] 杨真. 调酒师（初级、中级、高级）[M]. 北京：中国劳动社会保障出版社，2001.
[4] 盖文. 茶艺与调酒 [M]. 北京：旅游教育出版社，2007.
[5] 李勇平. 酒水知识 [M]. 长沙：湖南科学技术出版社，2004.